U0064120

# 未來科學拯救隊 2
## 紫月玫瑰盜用案

梁添 著

新雅文化事業有限公司
www.sunya.com.hk

# 未來科學拯救隊②
## 紫月玫瑰盜用案

作　　者：梁添
繪　　圖：山貓
策　　劃：黃楚雨
責任編輯：黃楚雨
美術設計：蔡學彰
出　　版：新雅文化事業有限公司
　　　　　香港英皇道499號北角工業大廈18樓
　　　　　電話：（852）2138 7998
　　　　　傳真：（852）2597 4003
　　　　　網址：http://www.sunya.com.hk
　　　　　電郵：marketing@sunya.com.hk
發　　行：香港聯合書刊物流有限公司
　　　　　香港荃灣德士古道220-248號荃灣工業中心16樓
　　　　　電話：（852）2150 2100
　　　　　傳真：（852）2407 3062
　　　　　電郵：info@suplogistics.com.hk
印　　刷：中華商務彩色印刷有限公司
　　　　　香港新界大埔汀麗路36號
版　　次：二〇二一年八月初版

ISBN: 978-962-08-7816-9
©2021 Sun Ya Publications (HK) Ltd.
18/F, North Point Industrial Building, 499 King's Road, Hong Kong
Published in Hong Kong, China
Printed in China

# 目錄

# 作者的話

梁添博士

　　學生的科學概念並非白紙一張，有時會一知半解，有時會受到「偽科學」資訊所影響，從而帶着各樣科學迷思概念 (misconception) 進入課堂，影響學習成效。有教學研究指出，學生的科學迷思概念難以改變，但很容易被教師忽略，也很容易存在於成積優異的學生心中。

　　不少學者及教師先後提出過各種策略促進學生修正科學概念，筆者一向是科幻小說迷，故嘗試創作以小學生為對象的科幻故事《未來科學拯救隊》，以 60 年後的未來時空為背景，以三位充滿個性的小朋友為主角，加入豐富的插圖，希望幫助讀者建構正確的科學概念，減輕他們害怕科學的心理，並培養閱讀興趣。

　　筆者在創作期間參考了眾多有關科學迷思概念的論文研究成果，得悉幫助學生改變迷思概念需要滿足四個條件：(1) 學生在生活中上因為認知上的衝突，心中的迷思概念無法解釋所遇到的現象，從而感到不滿意；(2) 由專家引入正確的新科學概念；(3) 新概念合理，能夠解釋學生遇到的現象，讓他們替代先前的迷思概念；(4) 新概念具有延伸性，可應用於其他不同的情境。以上這些元素筆者已充分融入內容情節中，希望讀者能感受得到。

　　筆者在一冊的十個章節前後也加入了小專欄，讀者固然可以一氣呵成閱讀整個故事，也可以在閱讀每一個章節前和後，進行自我前測和後測，看看自己有沒有發生「概念改變」，還可以進行親子實驗活動，以鞏固「概念改變」啊！

## 黃金耀博士

（香港資優教育學苑院長、香港 STEM 教育學會主席）

我認識梁添博士多年，他除了熱衷帶領學生參加各項 STEM 比賽，還在香港新一代文化協會科學創意中心過去主辦的九屆「香港青少年科幻小說創作大賽」中，擔任評審、小說創作工作坊主講嘉賓以及出任作品集的義務主編，積極推動香港學界創作科幻小說之風。

今年欣聞梁博士「評而優則寫」，初試啼聲，創作了未來時空的烏托邦科幻故事，希望幫助讀者改變科學迷思概念，於是我第一時間把作品先睹為快，果然與坊間一般兒童奇幻故事顯著不同。故事內容注重科學根據，對未來科幻因素的描述與解釋也較為詳盡，是有可能發生的預言式作品，能夠讓讀者掌握科學發展的趨勢，流露出作者具有物理學本科背景知識的特色，令讀者在閱讀過程中，好像自己從各種實證方法中獲得「經驗 —— 分析」的科技知識，滿足了自己對控制生活世界所需技術的興趣（來自哈伯馬斯 Habermas 興趣理論），繼而進一步讓讀者思考「科學能為我們做什麼？」

專家判斷一本兒童科學讀物是否優良，有三個簡單的原則：(1) 由科學家的角度看，書中的科學概念是正確的；(2) 由非科學家的角度看，書中的科學概念是清楚可懂的；(3) 由孩子的角度來看，書中清楚的科學概念為他們所能理解與吸收。我分別以科學家、非科學家及孩子的角色閱讀梁博士的作品，確實符合以上三個原則。梁博士從事科學教學多年，對兒童各項科學迷思概念有充分的認識及理解，我誠意推薦本書給各位同學。

李偉才博士（李逆熵）
（香港科幻會前會長）

首先恭喜梁添兄的新作面世。

我是科學兼科幻發燒友，多年來透過不同途徑從事科學普及工作，也致力推動科幻的閱讀和創作。一直以來，我都強調科幻的任務不在於傳播科學知識（這是科普的任務），而是激發讀者對科學的興趣和對未來的想像，特別是反思科學應用對社會可能帶來的影響。

最近收到梁兄傳來的作品，令我對「科普與科幻各司其職」的看法有了點改變，因為這作品的體裁，確實介乎科普與科幻之間。若要為它起一個名稱，我會稱為「故事化科普」。

科普創作用上故事形式已有悠久的歷史，天文學家刻卜勒於 1634 年發表的《夢境》，便借助故事向讀者介紹當時最新的天文知識。較近是物理學家蓋莫夫於上世紀三十至五十年代所寫的《湯普生先生漫遊物理世界》系列。再近一點，物理學家霍金除了較嚴肅的科普著作外，也曾與女兒露茜合著了《喬治探索宇宙奧秘》兒童故事系列。

梁兄的作品與上述作品性質相同的地方是彼此都採用了故事的形式；相異之處則在於，上述作品都集中於一個科學領域，例如蓋莫夫的物理學和霍金的天文學，但梁兄作品中所涉獵的領域則廣泛得多，上至天文下至地理、從物理到化學到生物等無所不包。

其實，我的科普文集也喜歡採取這種不拘一格的跨領域手法（如《論盡科學》和《地球最後一秒鐘》），但沒有把內容以故事形式串連起來。梁兄的「故事化」方法可說是別開生面的嘗試，讀者在追看故事情節的同時，也可沿途吸收各種各樣饒有趣味的科學知識，可說一舉兩得。這種體裁會否被兒童讀者所接受，留待時間的考驗。

香港從事科普寫作的人太少了，歡迎梁添兄以別開生面的方式加入這個行列！

# 推薦序（三）

## 湯兆昇博士

（香港中文大學物理系高級講師、理學院科學教育促進中心副主任）

　　梁博士是一位充滿教育熱誠的老師，多年來用許多富創意的手法，引導年青人學習科學。綜觀現今香港 STEM 教育活動多涉及編程及機械控制等實用技術，甚少觸及基礎科學原理，難以與常規課程連繫，惟梁博士設計的 STEM 活動，能讓學生感受到基礎科學對世界的影響，以活潑的方法學習箇中原理。梁博士更透過科學比賽及各類活動，向廣大教育同工傳授 STEM 活動的心得，實在難能可貴。

　　梁博士一向熱衷於推廣科幻小説，曾多次擔任科幻小説創作的評審及作品編輯。今次率先拜讀他的科幻故事新作，甚感驚喜。新作描述未來少年人的科學歷險，情節豐富吸引，亦包含了各個學科的知識，細節的解釋深入淺出。透過故事中的對話，讓小朋友反思不同説法是否合理，從而澄清一些常見誤解，引入正確的科學原理，處理細節的用心，非坊間一般作品能及。雖然本系列的對象只是小學生，但也大膽觸及不少複雜的課題，例如潮汐、太空船登月軌道、酸鹼度的自然試劑等等。看到梁博士對這些課題的淺白解釋，感覺煥然一新，相信定能吸引不少富有好奇心的小讀者。我個人期望梁博士的嘗試能開創先河，引領更多教育工作者運用創意，為香港的 STEM 和科學教育帶來新氣象。

地球曆・公元 2080 年。隨着科技飛躍進步，世界已經全面電腦化，汽車也發展成磁浮交通工具。

需要體力和腦力的工作，全面改用 AI 及機械人代勞。

上世紀的萬維網進化成萬能網，資訊能以極高速流通。

萬能網 WMW

由於人力需求減少，無論上班或上學，都改為「工作一天、休息一天」的模式。市民講求「平衡工作和生活」，所以這制度深受歡迎。

請一天假，便可以連續休息三天！

人類也開始移居到月球，解決了土地資源不足的問題。

月球見！

在這樣的未來世界，人們生活應該完美無憂。但是……

由於市民過分依賴電腦，而且人人都可在網上發布資訊，所以資訊真假難分。

潮水漲退每日一次？

較重的物體會下跌得較快？

科學知識更混合了大量迷思概念，導致社會出現各種科學罪案和危機。

於是社會上出現大量科普活動，聲言要提升市民科學水平。

有一位低調的科學家，一直想推動全民科學……

拆解科學迷思概念

他巧遇三名有潛質的孩子，成立了：

未來科學 拯救隊

之後，有一天……

博士！有人送包裹給科學拯救隊啊！

黑月集團

科學拯救隊這麼快就有支持者了？

這是什麼？

拆解科學迷思概念，未來科學拯救隊再次出動！

# 未來科學拯救隊 人物介紹

## AM博士（AM=Anti-Misconception 拆解科學迷思概念）

身分： 少年未來科學拯救隊統帥（隊員招募中！）

成就： 論文《血紅番茄的初步研究成果》登上《萬能科學報》

口頭禪：「我要推動全民科學！」
「拆解科學迷思概念課程現在開始！」

## AI DOG

身分：AM 博士的電子寵物兼秘書

功能：連接萬能網、飛行、投影立體影像、人臉辨識等

## 施丹（代號：STEM）

身分： 少年未來科學拯救隊男隊長、施汀的哥哥

口頭禪：「很累……我要休息一下……」

## 施汀（代號：STEAM）

身分： 少年未來科學拯救隊女隊長、施丹的妹妹

口頭禪：「好浪漫啊～好美妙啊～」

## 高鼎（代號：CODING）

身分： 少年未來科學拯救隊高隊長

口頭禪：「讓我到萬能網搜尋一下。」

# AM 博士
# 大海漂流
## ～潮漲潮退一日一次？

# 破解「海洋潮汐」迷思概念挑戰題

## 以下有關「海洋潮汐」的迷思，你認同嗎？
## 在適當的方格裏加✓吧！

| | 是 | 非 |
|---|---|---|
| A. 海洋在早上的水漲現象稱為「潮」。 | ☐ | ☐ |
| B. 海洋在晚上的水退現象稱為「汐」。 | ☐ | ☐ |
| C. 海洋每天兩次的潮汐只是由地球自轉所產生的。 | ☐ | ☐ |
| D. 由於月球比太陽較接近地球，所以地球的海洋潮汐只與月亮有關，跟太陽無關。 | ☐ | ☐ |
| E. 地球的海洋潮汐跟太陽及月亮都有關。 | ☐ | ☐ |
| F. 每逢農曆十五，漲潮和退潮的高度差距特別大。 | ☐ | ☐ |
| G. 每逢農曆初一，漲潮和退潮的高度差距特別小。 | ☐ | ☐ |

正確資料可在此章節中找到，或翻到第 143 頁的答案頁。

少年未來科學拯救隊的 AM 博士、施丹、施汀和高鼎，一個月前在「血紅番茄爭奪戰」揭破了麥理爸爸的陰謀而成名了，但煩惱並沒因而減少……

 上次我們在鏡頭前雖然很威風，但鄧老師卻因我們曠課而很生氣呢！

 幸好有豐色廿口教授為我們解釋，否則要扣減操行點數啊。

 煩惱的事忘了它吧！你們來聽聽這則新聞，好令人期待！

---

**新聞報告**

2080 年 4 月 20 日 14:00

星期六（工作日）
農曆閏三月初一

## 月球奧運會 6 月 21 日星期五正式開幕

　　第 47 屆奧運會即將於兩個月後首度移師月球，在最新建成的月立競技場舉行。主要贊助商、科技界巨頭「黑月集團」將會在開幕禮中，加插新產品發布會。

The Moon 2080

　　黑月集團同時接手了先前由「如月中天集團」舉辦的「地月盃」科技發明大賽……

月球奧運會開幕典禮，好想去啊！

真羨慕雅典娜同學！

我們的親戚雅典娜就好了，她居住在月球，可以到現場觀看啊！

# 「嗶嗶!」

 **施丹** 是 AM 博士給我們信息的聲響!可能是請我們喝血紅番茄汁,快接聽!

 **AM博士** 科學拯救隊,你們快要提交科技發明大賽的發明品了,如果有疑難需要我幫忙,就來上次看彩虹的沙灘找我吧。

 **高鼎** AM 博士,你不是給我們任務嗎?

沒有任務代表天下太平!我現正享受日光浴、聽音樂、喝番茄汁,想跟你們一起分享啊。

真浪漫!博士難得你這麼有情調。

 **AM博士** 我收到了**黑月集團送來的四部超立體耳筒**,可配合虛擬音樂平台,享受現場感十足的月球演唱會。你們的耳筒放了在研究所,現時由 AI DOG 看管中。

 **施汀** 嘩!我也要試聽啊!那麼我們放學後就趕來!

 **AM博士** 不用急,我整個下午都會在沙灘上享受。

三人放學後來到海灘，藍天白雲，天朗氣清，令人心曠神怡。可是這裏只有手錶和番茄汁，博士本人卻不在！

 施丹　博士～我們來了！你在哪裏？快些出來！

 施汀　啊！你們看看海中心！有一個空氣浮牀在漂浮！浮牀上面有人……是博士呀！

博士～！醒醒啊！

博士～！很危險啊！
快回來～！

 施丹　完全沒反應……博士又暈倒了嗎？高鼎！像上次一樣，我們又透過萬能網求救吧！

高鼎熟練地開啟智能手錶的「急救通」程式，把在遠處的浮牀拍照並上傳，相片自動顯示了該處的經度、緯度數字，程式如常地回覆：五分鐘後將有救兵到達。

施丹：今日的交通完全正常，急救員應該可以順利來到，不用上次那樣，要求我自己進行人工呼吸吧？

 高鼎：你們看！救護飛行器來了！兩個機械人從飛行器中游繩出來，行動好迅速！

你們是誰！快放開我！

博士醒來了，還充滿精力啊！

救護飛行器把AM博士帶回沙灘並降落，一個高個子和一個胖胖的急救員出現在面前。

 9314：我是急救員9314，小朋友，我們終於見面了！有個好消息告訴你們：AM博士安全無恙，沒有受傷！

**9413**：我是急救員 9413，有個壞消息告訴你們：剛才由於 AM 博士不聽話在掙扎，令我們的營救行動延遲了五秒。

**AM博士**：可惡！你們趁我熟睡時戲弄我，把我吊到海中心的上空，掙扎是人之常情嘛！

**施汀**：博士，我們沒有戲弄你，是你在海邊睡着，被海浪沖走了啊！

**9314**：你們是什麼少年隊吧？全靠你們的機智，及時報警，結果又救了 AM 博士一次了！

**施丹**：急救員哥哥你認得我們？我們就是要**推動全民科學、拆解迷思概念的少年未來科學拯救隊啊！**

**9413**：你們上電視出盡風頭了。當時機械警察 BO1101 和 BO1110 也在場啊，它們現在是轉換成急救員模式。

**B01110**：對，我們又再見面了。AM 博士，請你報告案發經過。

**AM博士**：**不知道！**我整個下午都躺在空氣浮牀上**戴着超立體耳筒欣賞月球演唱會**，之後醒來時已被你們縛着，吊在海中心的上空！

**B01101**：我們已經把你的證供上傳雲端，記錄在案。萬能網會在系統比對和分析相似個案，需要一段時間處理。

**9413**：博士，請你到醫院進行強制腦部掃描。已幫你登記排期了！

**AM博士**：不要！我沒事啊！

施汀：急救員哥哥，我們拍攝一張合照好嗎？我想上載到萬能社交網「日月萌」，讓朋友們付款留言及讚好！

三、二、一，笑！

沒有問題，當然可以！

這樣丟臉的事情，不准放上網啊！

9314：科學拯救隊，我們要回急救站了！AM 博士，下月再見！

AM博士：我不要再見你們啊！我不要被檢查！

＊＊＊＊＊＊

高鼎：博士，你竟被潮水沖走也醒不過來。幸好太陽西下，不再吸引海水，否則太陽引力繼續拉走你，你就會漂浮到大海啦。

施丹：高鼎，你錯了，太陽太遙遠了，潮漲和潮退只跟月亮有關！

施汀：你們兩個也錯了，潮汐每天一漲一退，全由地球自轉產生，今天下午退潮，才把博士拉出大海。

**AM博士**：你們對海洋潮汐的概念都不對！潮水並非每天一漲一退，**地球很多地方的海洋潮汐是「半日潮」，即每天水漲水退各兩次。**古人分別有一個字代表早上和黃昏的水漲現象：

水字部首，旁邊為朝，稱為「**潮**」。

水字部首，旁邊為夕，稱為「**汐**」。

**施汀**：原來「潮」和「汐」都是指水漲現象，指一早一晚的水漲。中文造字果然大有學問，合乎科學。

**AM博士**：雖然海洋每天出現周期性的漲落現象，但潮汐不只是由地球自轉所產生，而是**受到地球與月球之間，以及地球與太陽之間的萬有引力共同影響的。**

拆解潮汐迷思課程現在開始！我用地球、月球、太陽的位置簡單解釋吧。

施汀！我看不到啊！

AM 博士 **告訴你！**

# 漲潮和退潮

可想像施汀、施丹、高鼎三人手牽手向前跑，最前的施汀跑得最快，最後的高鼎則最慢。中間的施丹的雙手就有被扯開的感覺。

施汀飾演月球　　施丹飾演地球　　高鼎飾演太陽

施丹被拉扯的雙手就代表地球兩端被拉扯的海水了。

以地球為主角來考慮，A 及 B 兩處地球海洋的海水會被太陽及月球扯往 Y、Z 走，令 A 及 B 兩地方發生水位下降（退潮），Y 及 Z 的兩地方發生水位上升（漲潮）。

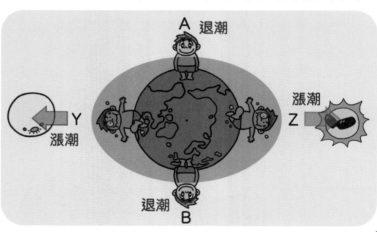

A 退潮

漲潮 Z

Y 漲潮

退潮 B

地球自轉一周需時一天，地面每一處在一天內都有面向和背向月球兩個時候，所以海洋每天出現兩次漲潮、兩次退潮！

對，施丹你變聰明了！

**AM博士** 月球引起的潮汐效果很大，農曆曆法是根據月球的軌跡來安排的，所以潮汐大小的規律與農曆有關。

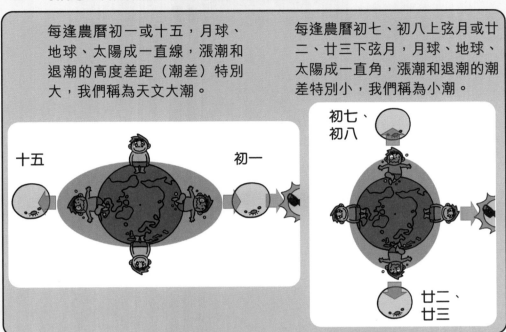

每逢農曆初一或十五，月球、地球、太陽成一直線，漲潮和退潮的高度差距（潮差）特別大，我們稱為天文大潮。

每逢農曆初七、初八上弦月或廿二、廿三下弦月，月球、地球、太陽成一直角，漲潮和退潮的潮差特別小，我們稱為小潮。

十五　　　初一

初七、初八

廿二、廿三

 **AM博士** 另外，公園中的小湖不會有潮汐。因為相對海洋來說，湖泊實在很小，兩邊引力差異太小了，所以潮差很微！

 **施汀** 博士，今天的潮汐現象怎樣解釋你在海中漂浮呢？

 **AM博士** 今天農曆初一是天文大潮。下午特大的水漲現象「汐」，把浮牀浮起，數小時後潮退，便把我連同浮牀拉到海中心了。

 **施丹** 一定是你太疲累了才會睡到不省人事。好了，太陽快下山了，現在就回去研究所吧。我們也想試試超立體耳筒啊！

待續→2.

 **潮汐進階小實驗**

可以出外試試啊！

## 1. 觀察海灘水位

所需工具：手錶、相機（或用手提電話取代）、紙、筆

與家長同行，前往海灘（例如大嶼山銀礦灣），於上午、下午的不同時間，在同一位置拍攝，比較水漲水退的情景和記錄時間。

目的：記錄指定海灘的水漲水退的時間。

## 2. 觀察連島沙洲

所需工具：手錶、相機（或用手提電話取代）、紙、筆

與家長同行，前往西貢區的橋咀島，並預先在網上調查當日水漲水退時間。趁水退時觀察連島沙洲出現，橋頭島與橋咀島如何連接在一起；然後在水漲時觀察連島沙洲的消失，並拍照和記錄時間。

- 水退時連島沙洲出現

- 水漲時連島沙洲消失

目的：實地考察水退及水漲時，連島沙洲的出現及消失。

# 破解「酸鹼」迷思概念挑戰題

以下有關「酸鹼」的迷思，你認同嗎？

在適當的方格裏加✓吧！

| | 是 | 非 |
|---|---|---|
| A. 濃度高的強酸具腐蝕性。 | ☐ | ☐ |
| B. 濃度高的強鹼沒有腐蝕性。 | ☐ | ☐ |
| C. 胃部分泌出來消化食物的消化液是酸性的。 | ☐ | ☐ |
| D. 人類口腔分泌的唾液是鹼性的。 | ☐ | ☐ |
| E. 酸性物質會溶解牙齒表面的琺瑯質，繼而形成牙洞變成蛀牙。 | ☐ | ☐ |
| F. 我們吃了澱粉質食物後，口腔不會產生酸性物質。 | ☐ | ☐ |
| G. 很多家居的清潔用品，例如通渠劑都是強酸。 | ☐ | ☐ |
| H. 人類舌頭上的味蕾有感受鹹味的味覺感受器。 | ☐ | ☐ |
| I. 肥皂溶液是酸性的。 | ☐ | ☐ |

正確資料可在此章節中找到，或翻到第 143 頁的答案頁。

科學拯救隊來到研究所，一開門就見到前來迎接的 AI DOG。

男隊長、女隊長、高隊長，你們也來了。AM 博士說到沙灘曬太陽，但出門數小時也全無音訊。

你有所不知了！博士在沙灘睡着了，還差點被大浪沖走啊！

AI DOG，你別聽他們亂說，這些話不用記錄了！好，你們三個試聽超立體耳筒之前，要先做兩件事：**第一，向我報告你們發明大賽的進度！**

發明大賽？後天的上課日才是學校發表日，我們還有一天時間準備啊……

不可這樣懶散！你們是代表科學拯救隊出賽的！我現在就要為你們進行模擬面試，你們逐一發表吧！

我參考博士的生態球，設計了氧氣口罩連生態背囊……

上次那色盲小偷梁君子，啟發我發明色盲眼鏡……

我想隨時看到浪漫的彩虹，所以打算發明彩虹製造器……

我就有預感今次輸定了。你們認真一點，重頭再說過！

25

科學拯救隊只好認認真真地再演説一次，竟得到博士的讚賞。

你們能從上次血紅番茄爭奪戰取得靈感，很有創意和實用性。不過，請加一點月球因素。

「月球因素」是什麼意思？

即是發明品可以在月球使用。今次比賽的主辦商黑月集團是以月球為總部的科技公司，你們加入月球因素，必定可以加分！

 高鼎　明白了！幸好我們還有一天時間準備和修改。博士，你說我們要做兩件事才能試聽超立體耳筒。第二件事呢？

 AM博士　**第二件事是：幫我想想下一個研究題材。**既然血紅番茄研究基本上已完成，我是時候發展新方向了。

**施汀** 繼番茄之後，你可以種植其他特別的植物啊！

 **AM博士** 我打算研究另一種超級健康的食物，正想詢問你們的意見。AI DOG，把候選的蔬果從溫室拿出來。

食物送來了！包括**紫**茄子、**紫**椰菜、**紫**粟米、**紫**椰菜花、**紫**薯、**紫**蘿蔔、**紫**洋蔥……

全都是**紫色**食物！我喜歡紫色，好浪漫！

有沒有不是紫色的啊？

有！桑葚、葡萄、藍莓！

騙人！只是名字沒有「紫」字，顏色仍然是紫色！

 **高鼎** 博士，為什麼這麼多蔬果都是紫色的？

 **AM博士** **因為它們都含有「花青素」！**這是水溶性植物色素，存在於許多植物的花、果實及根莖的細胞液中。

 **施汀** 為什麼你打算研究含有花青素的蔬果呢？

**AM博士** 花青素是強效的**抗氧化劑**，可幫助人體抗炎、**抗癌**、**降血糖**、**改善視力**、**預防心血管疾病**、**改善記憶力**等。花青素含量高的紫色蔬果就是超級健康食物，所以我認為值得研究。

 **施丹** 但我不喜歡紫色，可以把花青素變成其他顏色嗎？

 **AM博士** 你竟想把紫色蔬果變成其他顏色！你知道廚師煮茄子的時候，花了多少精神去保留它的紫色外皮嗎？

唉，我每次見到媽媽煮的茄子外皮變成棕色的賣相，就沒有胃口了！是高溫令它變色嗎？

我在餐館吃的魚香茄子煲，茄子外皮沒變色，但那個沙煲仍是熱的。看來茄子外皮變色並不是因為高溫啊。

 **AM博士** **酸鹼值、光照量、氧氣量和高溫都會令花青素變色。**由於花青素與氧氣接觸會產生氧化作用，令蔬果變成棕色，所以廚師會用不同方法減少茄子接觸空氣，例如把它加入鹽水、檸檬汁或醋，或用沸騰而沒有空氣的開水，甚至用高溫油烹煮。

 **高鼎** 博士，你說酸鹼值可以令花青素變色。難道要把紫色蔬果加上檸檬汁，令它變色嗎？

**AM博士** 我不是這個意思。花青素會隨**酸鹼值**的變化而呈現不同的顏色。如果把紫椰菜榨汁，它在中性環境下是紫色，但在酸性環境下卻是紅色，在鹼性環境下就會變成綠色！

 **施丹** 這麼有趣？但什麼是酸？什麼是鹼？

我們舌頭上的味蕾可以感受酸味，應該可以分辨液體的酸性吧？

我覺得味蕾也可以感受鹼味，味道應該跟鹹水麵差不多。有一次我沐浴時唱歌，不慎喝了一口肥皂水，味道非常苦！

 **AM博士** 你們七嘴八舌的，說的都只是日常接觸酸和鹼時的感覺。**拆解酸鹼科學迷思概念課程現在開始吧！**

29

# 酸和鹼

關於酸和鹼的定義，諾貝爾化學獎得主阿瑞尼士於 1903 年曾提出理論：酸在水溶液中解離出氫離子，而鹼則在水溶液中解離出氫氧根離子。

雖然舌頭可以感受酸味，鹼水麵、肥皂也跟鹼性物品有關，但是科學家是用氫離子濃度的指數（pH 值）來定義物質的酸鹼值的。

用鼻嗅或口嘗來測試酸鹼非常危險！高濃度的酸和鹼都具有腐蝕性，所以不能觸摸和亂吃！很多家居的清潔用品例如通渠劑是強鹼，我們使用時要做足保護措施。

人體也會製造一種強酸，就是稱為氫氯酸的胃酸！如果吃得太飽導致胃酸倒流上食道，不單痛楚而且會弄傷食道。

而汽水這些碳酸飲料是酸性物質，會溶解牙齒表面的琺瑯質，形成牙洞變成蛀牙，也要少喝為妙！

別擔心，我少吃酸，只愛吃甜食和麵包，而且我每次吃完酸味的食物都會立即刷牙！

別傻了，我們吃完酸性物質，如果立即刷牙，反而加速琺瑯質流失！應該用清水漱口，三十分鐘後才刷牙！

甜食和麵包也不例外，牙菌膜中的細菌利用糖分進行新陳代謝，產生酸性物質；麵包這些澱粉質會被唾液分解為麥芽糖再變成酸，同樣會變成蛀牙！

（施汀）博士，我贊成你研究紫色的植物。因為我喜歡紫色，相信你在月球的朋友豐色教授也喜歡紫色！

（AM博士）我只記得豐色教授喜歡玫瑰花……我想到了！既然紫色的玫瑰這麼名貴，我就研究成本低廉的紫玫瑰。**如果它可以在月球的低引力環境下生長，就叫「紫月玫瑰」吧！**

（施丹）太好了，我們終於幫博士想到研究題材。現在我們可以試玩超立體耳筒了吧？

（AM博士）真受不了你們。來，大家一人一個，戴好我就連接黑月集團的虛擬音樂平台，播放月球音樂會了。

（高鼎）我們先**把智能電話設定為靜音模式**，以免它打擾我們。好，可以播放了！

我聽到音樂了，也看到影像了，旋律很優美，好像搖籃曲一樣……

搖籃曲？聽着聽着，真的好想睡覺……

四人不知不覺間，都覺得昏昏欲睡，跟着便倒頭沉睡了。

待續➜3.

# 酸鹼度進階小實驗

可以在家中試試啊！

## 1. 自製紫椰菜酸鹼指示劑

所需工具：紫椰菜、攪拌機、瓶子、小紙杯 ×3、菜刀、水、紙、筆、檸檬汁、肥皂水、蒸餾水

a. 把紫椰菜切片，放進攪拌機加水攪拌，濾掉菜葉，倒進瓶中。這些紫色溶液就是酸鹼指示劑。

b. 分別把檸檬汁（酸性）、肥皂水（鹼性）及蒸餾水（中性）倒進三隻小紙杯。

c. 把幾滴紫椰菜溶液分別加進這三隻小紙杯的液體內，觀察顏色變化。記錄酸鹼指示劑在不同酸鹼度下顯示的顏色。

d. 用溶液測試其他液體（如茶、牙膏溶液、酒精搓手液）的酸鹼度。

目的：利用紫椰菜自製酸鹼指示劑，測試不同液體的酸鹼度。

## 2. 自製蔬果酸鹼指示劑

所需工具：跟實驗 1 相同，並加上不同顏色的蔬果植物

a. 把不同顏色的蔬果植物（如葡萄皮、紅玫瑰花瓣、藍莓、士多啤梨、紅菜頭）切片，分別用 1a 的方法，製作成各瓶顏色溶液。

b. 把溶液逐一用 1c 的方法加進檸檬汁、肥皂水及蒸餾水，觀察及記錄是否出現顏色變化。

c. 如果有顏色變化，代表該植物可以製成酸鹼指示劑。

目的：探究可以製成酸鹼指示劑的植物。

測試結果可翻到第 143 頁。

# 發明作品
# 大爭論
## ～月球會有藍天白雲和下雨嗎？

# 破解「月球表面」迷思概念挑戰題

以下有關「月球表面」的迷思，你認同嗎？
在適當的方格裏加 ✓ 吧！

|  | 是 | 非 |
|---|---|---|
| A. 月球表面沒有大氣層。 | ☐ | ☐ |
| B. 月球像地球一樣會下雨。 | ☐ | ☐ |
| C. 人們在月球上的天空，可以看到彩虹。 | ☐ | ☐ |
| D. 在月球表面的白天時間，雖然有太陽，但看到的天空卻是黑色的。 | ☐ | ☐ |
| E. 月球像地球一樣會刮風。 | ☐ | ☐ |
| F. 月球表面是真空的。 | ☐ | ☐ |
| G. 月球表面有少量空氣可供人類呼吸。 | ☐ | ☐ |

正確資料可在此章節中找到，
或翻到第 143 頁的答案頁。

# 「叮叮叮！叮叮叮！」

 AM博士！科學拯救隊！起牀了！

 啊？天亮了？我們昨晚聽音樂時睡着了嗎？

 好肚餓……我們睡了很久嗎？

 我做了好長的夢，不停吃番茄，好像在回憶一生科研成果。

 我也做了一個長夢，返回了幼稚園，還跟移民到月球的雅典娜同學同一班。

 不要閒聊了。上課鐘聲已響。你們已遲到了，要儘快趕回校！

 AI DOG，你弄錯了，我們昨天已上課，今天是休息日啊，我們還要準備明天的發明品發表環節。

不，今日就是上課日。你們睡了一日一夜，超過30小時啊。

什麼？AI DOG，你為什麼不叫醒我們？

 我見你們設定了靜音模式，而且昨天是休息日，所以就沒打擾你們聽音樂和睡覺了。

 哥哥！高鼎！快檢查手機！**我收到了過千個緊急信息！**

35

## 2080 年 4 月 20 日星期六（工作日）

20:00　爸爸：吃晚飯了！你和妹妹還不回來？😠

爸爸媽媽以為我們失蹤了！

21:00　媽媽：你們到哪裏了？好擔心！😢

22:01　警告！家居門禁通知：你已超過回家的時間！

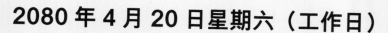

因為我們把智能手錶設定了靜音模式，所以完全感覺不到這些信息！

## 2080 年 4 月 21 日 星期日（休息日）

08:00　爸爸：你是否離家出走了？快回來，否則禁用電腦一星期！😠😠😠

08:15　媽媽：我們已聯絡施丹的父母，你們在一起嗎？😢😢😢

20:01　警告！失去聯絡已超過 24 小時！

## 2080 年 4 月 22 日星期一（工作日）

08:01　學校遲到通知：第一課「創意科學課」已開始，扣減 10 個操行點數。

08:01　警告！失去聯絡已超過 36 小時！警察出發偵察搜尋行動！

施汀 機械警察偵察到我們智能手錶的位置，出發搜尋我們了！

 AM博士 如果他們來到研究所，那我豈不是變成了拐帶兒童的犯人？

 高鼎 但現在最重要的是……**發明大賽啊！**

今天第一課是發明品發表，如果我們缺席了，就喪失參賽資格啊！

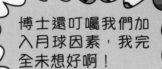 博士還叮囑我們加入月球因素，我完全未想好啊！

別想了！我們先趕回學校上課吧！

　　三人飛奔回校，懇求保安員德叔打開電閘，然後一口氣衝上科學實驗室──但已空無一人，除了盛怒的鄧老師。

 鄧老師 施丹！施汀！高鼎！創意科學課已經完了，你們為什麼遲到？你們不知道今天是發明品發表日，非常重要的嗎！

 施丹 高鼎……鄧老師好像還未知道我們失蹤的事情……

**高鼎** 鄧老師對不起！我們⋯⋯正因為忙於準備，才遲了回來！

 **鄧老師** 你們自從認識了 AM 博士那個怪人之後就學壞了，操行越來越差！上次是曠課去了股東大會，今次是遲到！

 **施汀** 鄧老師，我們為了這發明大賽，真的花了很多精神去構思的！求求你給我們一次機會發表吧！

 **鄧老師** 唉～好吧，我見施汀你們平日在創意科學課的表現都不錯，就給你們機會，現在補說給我聽聽吧！施丹同學你先說！

 **施丹** 好！我的發明品是「**色盲人士專用眼鏡**」，是受到一個色盲小偷啟發的，他因為患有紅綠色盲而偷錯了綠色的番茄。

紅綠色盲人士有可能把紅色信號看錯是綠色信號，那就很危險了。我這個發明能過濾光線，令他們更容易分辨出紅綠二色。

還有月球元素⋯⋯我希望居住在月球的色盲人士也可以利用它看到**紅花綠草**、**藍天白雲**，謝謝！

 **鄧老師** 唔⋯⋯下一位，施汀同學你說吧！

施汀

我的發明品是「**太陽能彩虹製造機**」。我曾經因信錯偶像而傷心失望，全靠看到雨後彩虹才重新振作。

只要有光，即使沒有下雨，我的發明也可以射出彩虹，讓人明白「辦法總比困難多」！

我還加入了月球元素，希望月球的居民也可以**在下雨後看到彩虹**，想念地球的親友，謝謝！

 鄧老師

好！最後是高鼎同學，到你說了。

 高鼎

地球空氣污染一直未改善，數十年前的瘟疫令人人外出時都要戴口罩，大量廢棄的口罩至今仍埋在垃圾島嶼不能降解。

我發明了「**生態背囊防疫氧氣瓶**」。瓶內的植物吸收燈光和水分後，可以源源不絕地供應新鮮氧氣，適合在空氣污染或瘟疫流行期間使用。

至於月球因素……如果移民月球的雅典娜同學使用這個發明，她就可以在**月球表面輕鬆地漫步**了！謝謝！

鄧老師 好，你們三個都發表完畢了吧？

 施汀 鄧老師怎樣？我們合格嗎？可以參加地球選拔賽嗎？

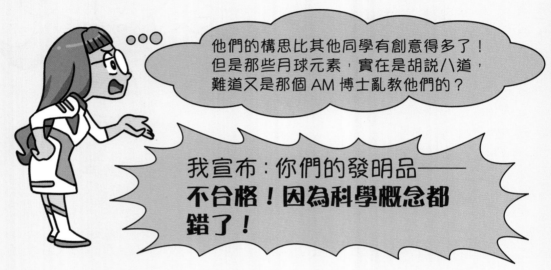

他們的構思比其他同學有創意得多了！但是那些月球元素，實在是胡說八道，難道又是那個 AM 博士亂教他們的？

我宣布：你們的發明品——**不合格！因為科學概念都錯了！**

 施丹  施汀  高鼎 什麼？

 鄧老師 你們很有心思地把發明品設計到可供月球使用，但是卻對月球充滿迷思概念，根本沒有針對月球搜集過資料吧！

 施丹 吓！不合格是因為我們對月球有很多迷思概念？

 鄧老師 施丹，剛才你說希望月球上的色盲人士，可以**看到藍天白雲**；施汀，你說希望月球的居民可以在**下雨後看到彩虹**；高鼎，你說在月球居住的雅典娜同學可以**戴着氧氣瓶在月球表面漫步**。你們知道這些說法有什麼問題嗎？

 施丹  施汀  高鼎 **不知道啊！**

鄧老師 如果你們真的有機會遠赴月球參加決賽，在評判面前又亂說科學概念，就會令本校蒙羞了。科學不是空口說白話的！

不！我反對你的決定！

 鄧老師 是誰這麼大膽反對老師？

 施丹  施汀  高鼎 不⋯⋯！我們沒有說話啊！

AM 博士！他們的作品雖有創意，但對月球的想法只是一廂情願，錯信網上的流言，就是你常說的科學迷思概念啊！

 我邀請他們加入科學拯救隊，就是要修正他們心中的迷思概念啊。事不宜遲，**我現在馬上展開拆解科學迷思概念課程！**

 AM 博士告訴你！ # 月球和地球的分別

## 1. 大小和引力

月球是地球的衛星，月球的直徑是地球的 4 分之 1；質量是地球的 80 分之 1；引力只是地球的 6 分之 1。由於月球的引力太小，不能將氣體吸附在表面，所以月球沒有大氣層，是真空的。

## 2. 雲、雨和彩虹

地球上，空氣中的水氣凝結成小水點，會聚集成雲；當雲中的水滴積聚，變大變重就會落下，成為雨；如果雨後有陽光，小水點折射陽光就形成彩虹。

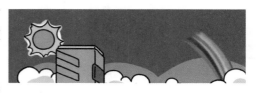

既然月球沒有空氣，也沒有液態或氣態的水，所以月球不會下雨，沒有烏雲白雲，也不會看到彩虹。

## 3. 天空的顏色

太陽光穿過地球的大氣層，當遇到空氣粒子時，白光會分散成各種顏色光線，即牛頓所定義的「紅橙黃綠藍靛紫」等色，而波長較短的藍色光較易被散射，布滿天空，所以我們在地球上，會看到天空是藍色。

但由於月球沒有大氣層，沒有空氣，太陽光線沒有經過散射便直達月球表面，所以人類在月球表面抬頭向上望時，只會見到耀眼的太陽，天空卻是黑色的，根本不會有藍天。

空氣粒子

## 4. 氣壓

地球到處都是空氣，物體都承受着空氣壓力。地球上的生態瓶因為瓶內和瓶外都有空氣，所以氣壓才得到平衡。

由於月球沒有空氣，沒有氣壓。月球上的生態瓶等同周圍是真空，而瓶內的氣壓會比外部真空的零氣壓高很多，除非加強生態瓶玻璃的強度，否則在月球表面會立即爆開。

我們明白了！因為月球沒有大氣層，人們在月球表面根本不會看到藍天白雲和雨後彩虹、也不能隨便使用密封的玻璃瓶！

**施丹** 我們只要今天內修改和遞交發明品計劃書，還趕得及報名參加地球選拔賽的！鄧老師，求求你允許我們參賽！

**AM博士** 小登登，我們今次是以「**少年未來科學拯救隊**」的名義來參賽的，要揚名月球就要靠今次的機會啊。

**鄧老師** AM 博士，你別再亂叫我的名字，也別說什麼科學隊！他們三個就算參賽，也要用「**熱血高級科技小學**」的名義啊！

**施汀** 鄧老師，你的意思是允許我們的作品參賽嗎？

**鄧老師** 對，你們現在立即修改，我檢查過計劃書的內容沒錯後，就給你們電子蓋印，參加地球選拔賽。祝你們好運！

太好了！我們一定會努力搜集資料和修正的，謝謝鄧老師……

**德叔**：不得了～！施丹！施汀！高鼎！你們快出來！

 **施丹**：啊？德叔，外面發生什麼事？

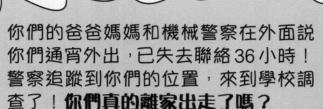

你們的爸爸媽媽和機械警察在外面說你們通宵外出，已失去聯絡 36 小時！警察追蹤到你們的位置，來到學校調查了！**你們真的離家出走了嗎？**

 **鄧老師**：什麼？通宵外出？AM 博士你竟教他們離家出走？

 **AM博士**：冤枉呀！小登登你誤會了！你們三個，還沒聯絡家長就回來上課嗎？

 **施汀**：博士你慢慢跟小登登……鄧老師解釋吧！我們現在要跟爸爸媽媽解釋，還要趕着修改計劃書啊！

 **鄧老師**：你們太過分了！**扣減 100 個操行點數——！**

待續➜4.

# 空氣重量進階小實驗

## 1. 氣球小天平

可以在家中試試啊！

所需工具：衣架、氣球 ×2、繩子

a. 利用衣架作為天平，一端繫上一個吹脹了的氣球，另一端繫上一個沒有吹脹的氣球。

b. 觀察衣架會向哪一端傾側，證明空氣有沒有重量。

目的：探究空氣有沒有重量。

## 2. 色盲測試

所需工具：廚房電子磅、氣球、紙、筆

a. 把未吹脹的氣球放在廚房電子磅上，記錄顯示的讀數。

b. 把氣球吹脹再紮好，小心放在電子磅上，記錄顯示的讀數。

c. 把讀數 b 和讀數 a 相減，就是氣球內空氣的重量。

a.　3.33g

b.　3.58g

目的：量度空氣的重量。

# 變色魔法
## ～ 有沒有黑色的光？

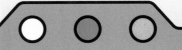

# 破解「物體表面顏色」迷思概念挑戰題

以下有關「物體表面顏色」的迷思，
你認同嗎？在適當的方格裏加✓吧！

|  | 是 | 非 |
|---|---|---|
| A. 紅蘋果表面會自身發出紅色光線進入我們眼睛。 | ☐ | ☐ |
| B. 樹葉在太陽白光照射下，樹葉表面的物質會吸收其他所有顏色光線，只反射綠光進入我們眼睛。 | ☐ | ☐ |
| C. 黑色的燒烤炭在太陽白光照射下，燒烤炭表面的物質會發出黑色的光線進入我們眼睛。 | ☐ | ☐ |
| D. 當紫色光線照射到白色物體表面時，我們會看見該物體呈現紫色。 | ☐ | ☐ |
| E. 某種物質在太陽白光照射下，如果該物質吸收全部白光，則我們會看見該種物質呈現黑色。 | ☐ | ☐ |

正確資料可在此章節中找到，或翻到第 143 頁的答案頁。

**2080 年 5 月 17 日（星期五 · 休息日）**。自從科學拯救隊的「失蹤」事件後，又過了差不多一個月……

 **施丹**：博士開門呀！你在嗎？

 **AM博士**：呀啊……各位請進，我剛剛睡醒……

 **施汀**：博士你又戴着黑月集團送給我們的超立體耳筒睡着了嗎？

**AM博士**：對！我覺得這個簡直是醫治失眠的神器，每次戴着耳筒收聽月球音樂，不消五分鐘便會睡着。黑月集團的技術真不錯。

我還運用了發明第一法則「組合法」，把耳筒與浴帽組合成「安眠浴帽」！

以後就可以一邊浸浴一邊安眠，一舉兩得！

好醜！博士品味真差！

**高鼎**：博士你不怕又再一睡不起嗎？上次我們昏睡了一日一夜，失蹤了 36 小時，被爸爸媽媽和鄧老師責備得很慘，還被扣了合共 110 個操行點數呢！

AM博士：上次 AI DOG 眼看我們睡了一日一夜竟然無動於衷，實在太笨了！

**我不笨！** 我的鬧鐘功能現已重新設定，如果博士睡眠多於 10 小時，我就會發出 100 分貝的巨大聲響及強烈震動氣流，必定可把博士喚醒！

 AM博士：你們今天找我有什麼事？一定有好消息吧？

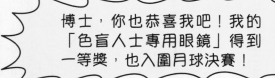當然！科技發明大賽地球選拔賽的結果公布了！我的「太陽能彩虹製造機」得到二等獎，可以代表地球遠赴月球參加決賽！

博士，你也恭喜我吧！我的「色盲人士專用眼鏡」得到一等獎，也入圍月球決賽！

 AM博士：二等獎和一等獎？厲害！施家的 STEM 和 STEAM 雙喜臨門，爸爸媽媽不會再怪責你們吧？那麼……高鼎呢？

 高鼎：唔……我得不到一等獎或二等獎……

 AM博士：呀……不要緊，失敗乃成功之母，下年再接再厲！

 高鼎：博士，我想大哭！因……因為……

我的「生態背囊防疫氧氣瓶」得到了評判特別大獎！我也取得月球決賽的入場券啊！

少年未來科學拯救隊，全體通過地球選拔賽啊！

 施丹　我們下月到月球，還有機會參觀同期舉行的**月球奧運會**啊！

 高鼎　更開心的是，我可以跟移民到月球的雅典娜同學重逢！

 施汀　雅典娜是我們的親戚，高鼎怎麼你會比我們更高興？

 AM博士　事實上，三位既然都是科學拯救隊的隊長，目標是**振興全民科學**，出線地球選拔賽乃是我意料中事！

施丹　幸好有博士在最後關頭的提醒，我們才能脫穎而出！

 AM博士　對了，你們得獎了，小登登有什麼話說？

 施汀　鄧老師？她讚我們最後交的報告寫得很正確。而且我們今次為校爭光，之前扣減的 110 個操行點數，全部都取消了。

 AM博士　我也有好消息告訴你們，紫玫瑰終於成功培植了！只要你們**把它帶到月球，在低引力的環境下試驗種植，就能研發出獨有的「紫月玫瑰」了！**

非常優雅！好浪漫！

雖然我不喜歡紫色，但也覺得這是科學的壯舉！

如果我到月球時送給雅典娜同學，她必定很高興！

 高鼎　博士你是用什麼方法培植出這麼罕有的紫玫瑰呢？

 AM博士　變色方法有很多，也有不同難度。我由最複雜的方法說起吧！

# 玫瑰花變色魔法

## 方法（1）　　　　難度：★ ×10000

花瓣的顏色由色素層決定，而色素層則由基因決定，所以要採用「轉基因方法」來培植紫玫瑰。我從眾多含有花青素的紫色植物中抽取紫色的基因，然後複製為花卉基因，逐一嘗試導入白玫瑰中。經過百多次的實驗，終於成功改造白玫瑰的色素層，變成名副其實的「紫色玫瑰花」。

## 方法（2）　　　　難度：★★★★★★★★★★

把白玫瑰的花莖放入水中，在水中斜剪莖部末端，然後倒入紫色色素。莖部因毛細管作用慢慢把色素向上吸收。靜待一天後，白色花瓣會漸漸變成紫色。這方法還可以製造出不同顏色的玫瑰花，例如黃玫瑰浸泡在藍色溶液中，就會變成綠玫瑰。

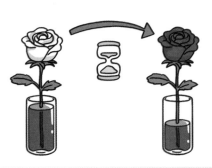

## 方法（3）　　　　難度：★★★★★

預備能發出紫色光線的發光二極管（violet LED），只要把紫色光射向白玫瑰，白色花瓣馬上變成紫色了！不過，一關燈就會回復原狀。

即是說，如果我們把黑色的光線射向白玫瑰，它的花瓣也會變成黑色嗎？

世上哪有黑色光線？拆解科學迷思概念課程現在開始吧！

 **AM 博士 告訴你！**

# 物體表面的顏色

世上只有白色光，沒有黑色光。太陽白光是一個連續彩色光譜，由無數種顏色光混合在一起。不同的物體在太陽白光照射下會吸收所有顏色的光線，只反射該物體表面顏色的光線進入我們眼睛。

**番茄**在太陽白光照射下，表皮會吸收所有顏色的光線，只反射紅光進入我們眼睛，於是我們會看見該番茄是紅色的。

白光　　　　　紅光

**樹葉**在太陽白光照射下，表面會吸收所有顏色的光線，只反射綠光進入我們眼睛，於是我們會看見該樹葉是綠色的。

白光　　　　　綠光

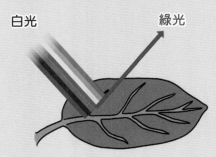

**排球**在太陽白光照射下，表面沒有吸收任何顏色的光線，全部反射進入我們眼睛，於是我們會看見排球是白色的。

**燒烤炭**在太陽白光照射下，表面吸收了所有顏色的光線，沒有任何光線進入我們眼睛，我們便看到燒烤炭漆黑一片。

白光　　　　　　　白光

白光

沒有任何光線

由於白玫瑰的花瓣不會吸收任何顏色的光線，所以當它在紫色 LED 的單一種紫色光照射下，只會反射紫色光進入我們眼睛，於是我們便看見白色花瓣變成紫色了。

 **施丹**　對了！博士你為什麼總是叫鄧老師做「小登登」？

 **AM博士**　你們不知道小登登的全名嗎？**她叫——鄧登登！**很可笑吧？

 **施汀**　難怪鄧老師這麼介意你叫她全名，博士你肯定從小跟她同班的時候就欺負她，很討厭啊！

待續➔5.

# AM 博士實驗室

# 色光進階小實驗

可以在家中試試啊！

## 1. 色光小實驗

所需工具：CR2025 鈕扣型鋰電池、發光二極管（LED）紅、綠、藍光各 1、白色物體（如排球）、紅色物體（如番茄）、黃色物體（如香蕉）

**鋰電池及 LED 體積細小，絕不可以讓 6 歲或以下小童接觸，以免誤吞發生危險！**

把一枚鈕扣型鋰電池如右圖連接一個發出紅光（或綠光、藍光）的 LED，製成只發出一種色光的小電筒，並進行以下三個實驗。

［注意電池與 LED 都分有正負極，要把 LED 的長腳（正極）接觸電池正極、短腳（負極）接觸電池負極］

a. 分別用紅光、綠光和藍光照射同一白色物體，觀察表面如何變色。

b. 分別用紅光、綠光和藍光照射同一紅色物體，觀察表面如何變色。

c. 分別用紅光、綠光和藍光照射同一黃色物體，觀察表面如何變色。

目的：探究不同顏色光線照射不同物體表面時，物體表面如何改變顏色。

# 地球再見！
# 博士再見！

## ～可以坐飛機上月球嗎？

# 破解「登月航天」迷思概念

# 挑戰題

以下有關「登月航天」的迷思，你認同嗎？

在適當的方格裏加✓吧！

|  | 是 | 非 |
|---|---|---|
| A. 我們可以乘飛機飛出地球大氣層前往月球。 | ☐ | ☐ |
| B. 前往月球的太空船可以在飛機場起飛出發。 | ☐ | ☐ |
| C. 飛往月球的太空船是以光速飛行的。 | ☐ | ☐ |
| D. 飛機飛行時，引擎需要把空氣吸入才能飛行，故此飛機不能飛出地球大氣層。 | ☐ | ☐ |
| E. 前往月球的太空船需要火箭推動才能擺脫地心吸力，離開地球。 | ☐ | ☐ |
| F. 在地球北極地區發射火箭比在赤道地區發射火箭，會節省較多火箭燃料。 | ☐ | ☐ |

正確資料可在此章節中找到，或翻到第 143 頁的答案頁。

**月球奧運會：地球代表隊今日出發往月球**

 施丹　今天我們也會飛往月球參加地月盃科技發明大賽啊。大家都是地球代表隊，為什麼我們就沒有人報道呢？

 施汀　不要羨慕別人了，至少爸爸媽媽和鄧老師會來送行啊！我們來跟 AM 博士道別後，就要出發到機場了！

 博士！開門呀！快醒來呀！

 高鼎　難道博士又戴着「安眠浴帽」昏睡了？萬一博士熟睡時發生火警就危險了！

 AM博士　**你們別詛咒我！進來吧！找我什麼事？**

 施丹　博士早晨！你忘了今天我們要出發到月球嗎？我們是來道別的，順便來喝一杯鮮榨血紅番茄汁！

 AM博士　就是因為我記得今天這大日子，所以要準備很多事情！已經忙死了，晚晚通宵達旦，哪有時間睡覺？

 高鼎　對不起。即是你沒有再戴安眠浴帽昏睡嗎？那就好了！

**AM博士** 我正想說那個超立體耳筒！我上次在沙灘被救醒後的強制腦部檢測已完成，結果證明我的腦電波一切正常，**跟疲勞或失眠無關！**

 **施丹** 什麼？難道你昏迷的主要原因是黑月集團送來的超立體耳筒？我們也曾經因為它而昏睡了一日一夜！

 **AM博士** 近來陸續發生市民昏迷不醒的事件，受害人巧合地都是著名科學家或發明家！你們上次昏睡時，夢見重返了幼稚園；而我就不停重複做同一個夢，回憶自己的科研歷程。

 我覺得有古怪，於是調查了黑月集團：

**黑月集團**

2070 年創立的科技產品公司，總部位於月球風暴洋地區。

公司每月都推出全新產品，所以創立短短十年，已推出過百款著名產品及服務，包括虛擬實景音樂平台、月球鐵路等，並成為 2080 年月球奧運會的主力贊助商。

集團總裁為**高風爵士**，被喻為新世紀發明王，具有前瞻視野。創立公司前，是**催眠學的權威學者**……

 **高鼎** 高風爵士是催眠學權威學者？難道他懂得催眠術？

 **AM博士** 我懷疑黑月集團透過超立體耳筒發送催眠腦電波，於是試在安眠浴帽中**改播自己唱作的歌曲**，立即解決了昏睡不起和回憶長夢的問題！

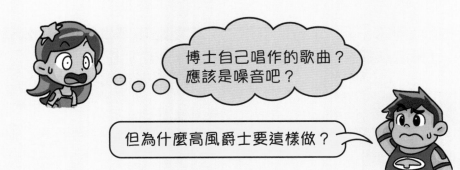

博士自己唱作的歌曲？應該是噪音吧？

但為什麼高風爵士要這樣做？

**AM博士** 我還未有時間推理，因為連日來一直在趕製新發明品。趁今天專誠送給你們——出來吧，AI DOG 2 型！

我一共製造了六個，我和你們每人各擁有一個！

是 AI DOG 的袖珍版，可能比它更厲害啊！

我以為是 AI DOG「異形」，原來比 AI DOG 更可愛！

比我可愛？比我厲害？我要生氣了！

 **AM博士** AI DOG 2 型具有 AI DOG 的基本功能，也是地球與月球之間的光速通信器，我們可用光的速度來溝通！

讓我搜尋一下：**地球和月球的平均距離為 384,400 公里，光速每秒前進 300,000 公里**，兩數字相除⋯⋯

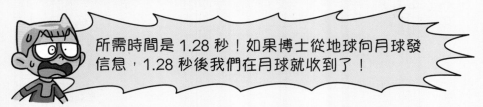

所需時間是 1.28 秒！如果博士從地球向月球發信息，1.28 秒後我們在月球就收到了！

 全對！很方便吧！不過你們身處的位置，必須正面朝向地球才能溝通到，所以月球某些地方有盲點！

 我知道！我聽過月球有半面是永遠背向地球、永遠黑暗的！

 但你只對了一半！**月球的自轉和公轉周期皆為 27.3 日。**結果月球任何時間總是以同一半面朝向地球，我們在地球上始終無法看見月球另一半面，**月球永遠有一面背向地球。**

 那地區永遠背向地球，不代表永遠黑暗嗎？萬能網上有記載英文 "The dark side of the moon"，解作「月球的黑暗面」！

 那半球地區**雖然永遠背向地球，但不代表永遠背向太陽**，不是黑暗的！只要在下圖的右方加上太陽，你們就會明白。

因為月球也會自轉，就像地球一樣有日夜交替。所以月面上每個地區，包括「月球的背面」也有面對太陽的時候。

所以 "The dark side of the moon" 應該翻譯為月球的「背面」，而不是「黑暗面」。

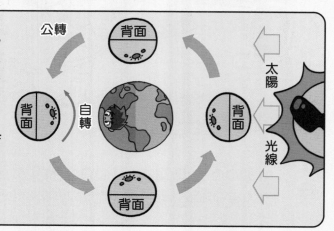

**AM博士**　多出來的兩個 AI DOG 2 型可以交給月球上的豐色教授和雅典娜同學，而且我還有一份禮物……不，實驗品想拜託你們送給豐色教授……

 **施汀**　那分明是禮物！博士，我們下午就乘飛機飛去地月穿梭巴士的火箭發射基地了。你真的不來送行？

 **AM博士**　我最討厭送機那些婆媽事情。而且太陽電視台約了我下午進行訪問，主題就是關於上次的血紅番茄。

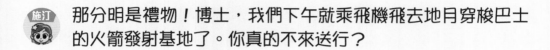 **AI DOG**　你們即將飛到月球，還有什麼對月球的疑慮嗎？即管問吧！

為什麼我們要先前往火箭發射場，乘搭太空船往月球？為什麼不直接坐飛機飛上月球呢？

今天是初一，為什麼我們不在農曆十五明月當空時，從地球以直線最短距離飛往月球呢？

為什麼火箭發射場要在赤道的海洋附近呢？

 **AM博士**　你們要懂得把問題簡化啊！我為你們臨時加開「**拆解月球的科學迷思概念課程**」，一次過解答所有問題吧！

 **AM 博士告訴你！**

# 飛往月球的迷思

## 拆解迷思 1: 為什麼不選擇農曆十五直飛往月球？

如果太空船能以光速飛行，當然可以直線飛往月球。可惜現時沒有這樣高速的工具，而且太空船起飛後仍會受到地球和月球的自轉及公轉影響，難以直線飛行。情形有點像輪船遇到海上不同方向的水流時，不能直線航行那樣。

直飛

## 拆解迷思 2：為什麼不乘飛機從機場起飛飛往月球？

飛機引擎把空氣吸入、燃燒，產生作用力把熾熱的空氣向後噴出，熾熱空氣產生反作用力把飛機向前推。流經機翼上下的急速氣流可產生向上的升力，故此飛機必須在長跑道加速，才可獲得足夠的升力起飛，並且一定要在地球的大氣層內飛行。

由於地球與月球之間沒有空氣，所以飛機不能飛往月球。人們必須在火箭發射場乘太空船，靠火箭向上飛才能擺脫地心吸力離開地球。

## 拆解迷思 3: 為什麼太空船的火箭發射場要興建在赤道的海洋附近？

首先，在海上發射火箭，安全隱憂比在陸地較小。萬一發射失敗，火箭及助推器會掉落人口稀少的海洋地域裏，減輕人命傷亡。第二，因為地球自轉運動的線性速度在赤道是最快的，如果火箭在赤道向東發射，可以借力於地球西向東的自轉運動，節省很多火箭燃料。

# 「嗶嗶嗶！」

2080 年 6 月 18 日 09:30　經濟新聞報告　星期二（休息日）
農曆五月初一

## 月球奧運會　地球觀眾同步感受

黑月集團將向地球居民免費派發超立體耳筒，配合集團的虛擬實景廣播平台，直播開幕禮及各項賽事。務求讓地球居民有如置身月球，感受現場氣氛！

 施丹　嘩！超立體耳筒竟然會免費派發！

 AM博士　這個耳筒不就是我剛才說的可疑產品嗎？便宜莫貪啊！這樣下去，所有地球居民都會很危險！

 施汀　科技發明大賽都是由黑月集團主辦的，我有點不祥的預兆。

 AM博士　總之大家別樂極忘形，小心為上！你們要出發往飛機場了，祝你們凱旋歸來，為科學拯救隊爭光！

謝謝！博士再見！少年未來科學拯救隊的地球代表，正式向月球出發！

待續➡6.

# 空氣動力進階小實驗

可以在家中試試啊！

## 1. 氣體排放比拼

所需工具：透明塑膠瓶 ×4、氣球 ×4、水、乾酵母菌、砂糖、紙、筆

a. 四個透明塑膠瓶分別裝入 300 毫升而溫度不同的水。

b. 在各瓶加入 10 克砂糖和 30 克乾酵母菌，搖晃直至完全混合。

c. 把氣球套在各瓶口， 20 分鐘後，觀察和記錄哪一瓶可令酵母放出最多二氧化碳，令氣球脹得最大。

目的：測試不同溫度的水對酵母菌發酵並放出二氧化碳氣體的影響

## 2. 氣體火箭 （這實驗須在戶外空地，並在家長陪伴下進行！）

所需工具：小蘇打（碳酸氫鈉）、食用白醋、塑膠瓶連橡皮塞、火箭支架

a. 把塑膠瓶製作成水火箭外形後，把少量小蘇打加入瓶中。

b. 加入食用白醋到瓶中約 4 分之 1 滿。

c. 迅速把橡皮塞塞進塑膠瓶口，並把瓶倒置擺放，瓶口向下，然後遠離塑膠瓶。白醋與小蘇打會產生化學反應，瓶內氣體越來越多，氣壓越來越大，會衝開橡皮塞，把瓶發射出去。

目的：自製會噴射二氧化碳的水火箭，探究影響水火箭飛行路線的因素。

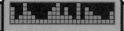

# 向月球進發！

## ～火箭升空的作用力 是向下還是向上？

# 破解「作用力及反作用力」迷思概念挑戰題

以下有關「作用力及反作用力」的迷思，你認同嗎？
在適當的方格裏加✓吧！

|  | 是 | 非 |
|---|:---:|:---:|
| A. 當物體 A 有一道作用力施加於物體 B，物體 B 也會有一道較小的反作用力施加於物體 A。 | ☐ | ☐ |
| B. 當物體 A 有一道作用力施加於物體 B，物體 B 也會有一道方向相反的反作用力施加於物體 A。 | ☐ | ☐ |
| C. 當火箭點火時，會同時產生作用力及反作用力，兩股力共同把火箭向上推。 | ☐ | ☐ |
| D. 當火箭點火時，會產生一股巨大作用力向下噴出大量熾熱氣體，而熾熱氣體有一股大小相等、方向相反的反作用力把火箭向上推。 | ☐ | ☐ |
| E. 作用力與反作用力必定成雙成對地出現。 | ☐ | ☐ |

正確資料可在此章節中找到，或翻到第 144 頁的答案頁。

三位科學拯救隊隊長，身在地月穿梭巴士的機艙，穿着笨重的艙內太空衣、繫着安全帶、戴着加壓頭罩、乖乖地坐在椅子上等待火箭升空，聽着機艙廣播……

各位地球的旅客晚安，歡迎各位乘坐地月穿梭巴士「儒勒凡爾納號」，我是萊特機長。現在是 2080 年 6 月 18 日下午 6 時，本機將前往月球寧靜海航天港，預計航行時間為 44 小時。請確認已繫好安全帶，火箭即將點火：

五、四、三、二、一，發射！

轟轟隆 轟轟隆～

月亮女神火箭點火！儒勒凡爾納號升空！

# 「叮！」綠燈已亮起！

月亮女神火箭脫離，儒勒凡爾納號已到達大氣層邊緣。三位隊長終可鬆一口氣。

**施丹**：終於可以脫下太空衣和安全帶了！動也不能動，悶死我！

**高鼎**：剛才升空那一刻好緊張，我連嚥口水也不敢啊！

三位地球代表，我叫愛蜜絲，是今次航班的特別機艙服務員，而且也是地月盃科技發明大賽的義工，負責保護和帶領你們參加月球總決賽。

**施汀**：愛蜜絲姐姐，現在太空船已到達大氣層，即是進入了無重狀態。如果我們脫下安全帶，會浮起來嗎？

**愛蜜絲**：施汀你說得對，**太空船已進入微重力環境**，機艙內所有物件，包括你們的身體都會漂浮起來。你們要小心一點別撞傷啊。

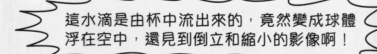

這水滴是由杯中流出來的，竟然變成球體浮在空中，還見到倒立和縮小的影像啊！

**愛蜜絲**：對，因為**水有凝聚力**，而且在太空的微重力狀態下，效果比在地球上更明顯了。

**施丹**：這情景千載難逢！科學拯救隊來合照吧！不需拜託別人拿相機，因為相機會漂浮啊！愛蜜絲姐姐一起合照可以嗎？

施汀: 太好了！如果把這相片放上「日月萌」社交程式，一定可以吸引到所有朋友付款留言及讚好！

愛蜜絲: 你們也有玩「日月萌」嗎？但現在我們身處太空，網絡不穩定。你們要抵達月球後才能上載相片了。

施汀: 愛蜜絲姐姐，為什麼發明大賽派妳照顧我們呢？

愛蜜絲: 我是**三屆地月盃的金獎得主**，因此申請到獎學金在月球寧靜海大學攻讀博士課程，也申請做義工提攜新一代的參賽者。

施丹: 嘩！原來愛蜜絲姐姐你是三屆冠軍？即是你最少已有三項傑出發明品了？你一定已發達了！

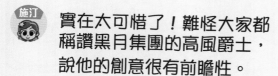（愛蜜絲）哈哈！非常湊巧，**黑月集團在我提交作品前，早已申請了類似的專利並推出市場，**所以產品跟我都沒有關係。

（施汀）實在太可惜了！難怪大家都稱讚黑月集團的高風爵士，說他的創意很有前瞻性。

（STEM男孩）我們一定要創出一個連高風爵士都沒想到的發明品！

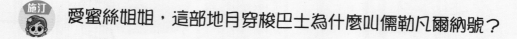

（施汀）愛蜜絲姐姐，這部地月穿梭巴士為什麼叫儒勒凡爾納號？

（愛蜜絲）儒勒凡爾納是 19 世紀的法國小說家，被譽為科幻小說之父。他於 1865 年創作了膾炙人口的科幻小說《從地球到月球》，這艘來往地球和月球的太空船為了紀念他，於是以他的名字來命名。

（施丹）原來如此！原來二百多年前已有人幻想奔向月球了！

（施汀）不，《嫦娥奔月》這神話的年代更久遠啊！至少有千多年了！

（愛蜜絲）剛才火箭升空時，你們很緊張吧？我現在已經習慣了，但最初乘搭時，的確很緊張。火箭倒數點火和升空時，實在非常震撼！

**施丹** 對！月亮女神火箭那一股向上的作用力，令我們一飛沖天，真的震撼人心！

**施汀** 哥哥，你好像說錯了，火箭的作用力是向下的！我記得鄧老師曾教過，牛頓有三大運動定律：

**牛頓的三大運動定律**

第一運動定律：慣性定律
第二運動定律：加速度定律
**第三運動定律：作用力與反作用力定律**

艾薩克·牛頓
英國科學家
（1643-1727）

**施汀** 地球對火箭的地心吸力是向下的，所以火箭應該有向上的作用力和反作用力才能升空！

**愛蜜絲** 看來你們對牛頓第三運動定律的概念很混亂啊⋯⋯

拆解科學迷思概念課程現在開始！

嘩！怎麼會突然聽到 AM 博士的聲音！

這是錄影片段。我早料到你們對火箭升空的原理有迷思概念，所以一早把課程儲存在你們的手錶內。只要你們說出「作用力和反作用力」這關鍵字，課程就會自動彈出！

 AM 博士告訴你！ # 作用力與反作用力

大家應該有玩過或見過水火箭比賽，因應「最遠」和「最高」兩個目標，火箭的發射角度是不同的：

如果發射角度是 45 度向前方，理論上是飛得最遠的。

如果發射角度是 90 度向上，它可以飛得最高，但最終會跌回原地。

可見水火箭要高飛，就要克服地球重力對火箭的影響，而依靠的就是水火箭向後噴出的「作用力」。

根據牛頓第三運動定律，當物體 A 有一道力施加於物體 B（稱為作用力），物體 B 會同時產生一個大小相等，而且方向相反的力施加於物體 A（稱為反作用力）。因為受力對象不同，所以不能互相抵銷，兩者同時發生，同時消失。

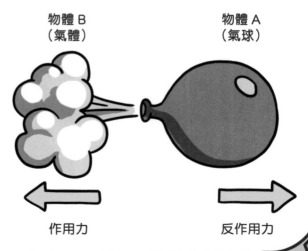

物體 B（氣體）　物體 A（氣球）

作用力　　　反作用力

# 太空船的發射和航行方法

假設物體 A 是火箭，物體 B 是熾熱氣體。當火箭點火後，會產生一股巨大作用力向下噴出大量熾熱氣體，熾熱氣體也有一股大小相等、方向相反的反作用力把火箭向上推，於是火箭就帶動太空船一併向上升空了。

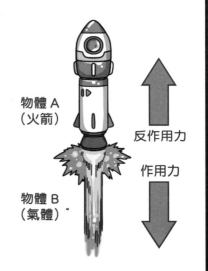

物體 A
（火箭）

反作用力

作用力

物體 B
（氣體）

太空船進入太空如果要維持速度前進，是不需要額外燃料的。因為根據牛頓第一運動定律，除非物體受到外力，否則靜者恆靜，動者恆動。太空由於沒有空氣，即是沒有阻力，機長就可以關掉主引擎，依靠太空船的慣性來直線航行。

之後太空船如要改變方向或加速，才需要重新開啟引擎，用壓縮燃料產生作用力向後噴出氣體，氣體就有一股大小相等、方向相反的反作用力，令太空船改變方向或加速了。

 大家明白了？如果想聽多一次，可以按「重複」鍵……

 不用了，我們已經明白，可以關了它。難得來到這裏，不如看看太空的景色吧。

 聞名不如見面！原來他就是 AM 博士，他很細心啊！

 博士在地球沒有我們的陪伴，一定很悶了！我到窗外跟他說聲晚安吧！

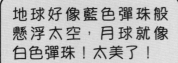 地球好像藍色彈珠般懸浮太空,月球就像白色彈珠!太美了!

你們平時只能在萬能網查看地圖,今次可以親眼觀看真實版地圖了!

我要瘋狂拍照!

 施汀 哥哥!你快來看看!窗外有很多小冰晶在閃爍不定!

好神奇!景象好璀璨悅目!愛蜜絲姐姐,這些小冰晶是什麼?

愛蜜絲 這……這個……

 施汀 呀！高鼎由剛才合照之後就不見了，他到哪裏去了？

 我回來了！我由火箭發射時已經「人有三急」，剛才合照後，我就跑到洗手間去了。那些儀器很複雜，我花了很多時間才弄明白。

 施丹 被你搶先一步使用太空洗手間了！我也想去試用！

 愛蜜絲 這是三日兩夜 44 小時的長途旅程，你總會有機會一試的。

太空洗手間的座廁外形和地球的差不多，但操作原理卻大相逕庭。水在太空中不會向下流，所以太空座廁不用水沖，而是像吸塵機般，把糞便吸走，儲起來帶返地球或月球清理。

尿液就儲在尿缸，滿溢時就直接拋出太空。尿液在太空中會瞬即凝結成小冰晶……

 小冰晶？即是説剛才我們看到那些瑰麗的冰晶，是高鼎的……

 討厭！枉我還拍下了許多相片和影片啊！

 你們竟然拍下這些東西？沒有放上「日月萌」吧？快把它刪掉啊！

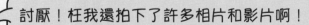

待續 → 7.

 **AM 博士實驗室** # 反作用力進階小實驗

## 1. 氣球火箭（這實驗須在空曠地方進行！）

 可以在家中試試啊！

所需工具：氣球、氣泵

a. 用氣泵吹脹氣球，然後用手握着氣球吹氣口。

b. 手放開，氣球會產生一股作用力向後噴出氣體，氣體有一股大小相等、方向相反的反作用力把氣球推向前，令它飛走。

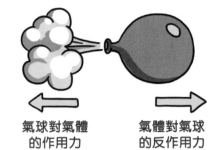

氣球對氣體的作用力　　氣體對氣球的反作用力

目的：探究氣球如何利用作用力及反作用力在空中飛行。

## 2. 氣球車

所需工具：飲管、竹籤 ×2、樽蓋 ×4、紙皮、氣球、氣泵、紙、筆、直尺

a. 參考右圖製作氣球車，把竹籤放入飲管內製成車軸、用樽蓋製作車輪，然後利用紙皮或紙盒製作車身，並用飲管接駁氣球，製作噴射裝置。

b. 用氣泵吹脹氣球，放開後氣球車會向後噴出空氣，並向前滑行。

c. 把氣球吹脹至不同大小後，量度氣球車的移動距離。

目的：觀察氣球車如何利用反作用力滑行，探究出氣量與距離的關係。

# 登陸月球！科學拯救隊的一大步！

## ～ 指南針可以在月球使用？

# 破解「月球磁場」迷思概念挑戰題

以下有關「月球磁場」的迷思，你認同嗎？
在適當的方格裏加✓吧！

| | 是 | 非 |
|---|---|---|
| A. 月球赤道地區的天氣，跟地球赤道地區近似，位處熱帶。 | ☐ | ☐ |
| B. 月球南、北極地區的天氣，跟地球南、北極地區近似，位處寒帶。 | ☐ | ☐ |
| C. 在月球上我們使用不到指南針辨別方向。 | ☐ | ☐ |
| D. 月球磁場強度跟地球磁場強度差不多大小。 | ☐ | ☐ |
| E. 月球上沒有南、北極地區。 | ☐ | ☐ |
| F. 月球南、北極地區的磁場強度，比月球赤道地區大很多。 | ☐ | ☐ |
| G. 月球上沒有磁場。 | ☐ | ☐ |

正確資料可在此章節中找到，或翻到第 144 頁的答案頁。

前往月球的儒勒凡爾納號已經航行了三日兩夜 43 小時，科學拯救隊三位隊長非常納悶……

 好悶呀！還未到月球嗎？太空船上的立體影片我全都看過了，遊戲我又全玩厭了！

 你還把艙內的太空食物：太空牛肉乾、太空宮保雞丁、太空雪糕都全部吃過了！

## 「叮！」紅燈亮了！

 這是萊特機長的廣播：現時是地球時間 2080 年 6 月 20 日下午 1 時正，我們預計一小時後降落月球寧靜海。請儘快穿上艙內太空衣，戴上加壓頭盔，回到座位上，繫上安全帶，準備降落。

唉……又要穿上這笨重的太空衣！

地球變得好小！太浪漫了，我還要拍照！

我的頭盔別飄走啊！

**快要降落月球了，**你們快穿好太空衣返回座位！

# 「隆隆隆……」綠燈又亮起！着陸了！

萊特船長代表機組人員歡迎各位抵達月球！現在您們可以脫下艙內太空衣及頭盔，也可以使用通信器材跟地球及月球的親友通信。祝各位在月球有愉快的一天，即是地球一個月時間，謝謝。

**施丹** 太好了！終於着陸月球了！**「休斯頓，這兒是寧靜海基地，老鷹號已着陸！」**

**高鼎** 呀！這是 1969 年美國太空人首次登月的台詞，被你搶先說了！但你應該改說：儒勒凡爾納號已着陸！

**施丹** 不單只台詞，我還要做科學拯救隊登陸月球的第一人！**這是我個人的一小步，卻是全人類的一大步！**

**施汀** 我是本隊登陸月球的第一個女孩子！這是我個人的碎碎步，卻是全世界女孩子的大大步！

**高鼎** 那……我就是本隊登陸月球的第一個……戴眼鏡的人！

**愛蜜絲** 你們離開機艙請有秩序，不要心急、爭先恐後啊！

　　月球航天港因為有人工重力調整，大家踏上月球土地後，反而沒有微重力的感覺。由於月球奧運會即將舉行，航天港的接機大堂擠滿各地選手及接機人士。

**施汀** 愛蜜絲姐姐，你會直接帶我們到宿舍嗎？

愛蜜絲　本來是的，不過接機大堂有神秘嘉賓在等你們——你們看！

嘩！竟然是雅典娜同學！
還有豐色女口教授！

別客氣，少年未來科學拯救隊，實在是英雄出少年！

豐色教授……久仰大名！上次事件多得你幫忙啊！

一年沒見……我也可以跟雅典娜同學握握手嗎？

施汀！我們終於在月球重遇！

 愛蜜絲　豐色教授平日只會在大學做研究，今日她竟然親自來機場迎接你們，少年未來科學拯救隊果然地位崇高！

 高鼎　愛蜜絲姐姐和雅典娜同學，原來也跟豐色教授認識嗎？

 豐色教授　我正是愛蜜絲的博士論文指導老師。你們是 AM 博士難得的朋友，我當然要來迎接你們！而雅典娜妹妹是你們的舊同學，所以我把她也帶來了。

施汀：謝謝，我正式為你們介紹：雅典娜是我外婆的哥哥的孫兒的妻子的表妹——即是我的「親戚」！

 雅典娜：愛蜜絲姐姐幸會！施丹，很久不見了！還有你是……

我是高鼎啊！還記得我嗎？由幼稚園開始跟你同班的……

 雅典娜：啊？我有這樣的同學嗎……？

 高鼎：什麼！雅典娜同學你忘了我？

施汀：高鼎你別說了！現在是派手信時間！豐色教授，這是博士托我們給你的禮物……但他說是實驗品！

 豐色教授：實驗品？他的舉動實在很令人費解。

高鼎：還有我從地球帶來，由 AM 博士研發、**超級好吃到難以用筆墨來形容的血紅番茄**！

 施丹：還有這個！這是給豐色教授和雅典娜的 AI DOG 2 型！

豐色教授：毛公仔？

 施丹：不要小看它們，博士說它外表雖然是一隻毛公仔，但實際上是地球與月球之間的光速通信器！

博士一共製造了六部 AI DOG 2 型，我、雅典娜、豐色教授、施丹、施汀和博士每人一部，以後我們就可以通信無間了！

 連我都擁有一部嗎？太好了！謝謝各位！

 讓我試試它的通信功能。AM 博士的設計十年不變，我應該懂得使用……這裏是月球寧靜海航天港，我是豐色！ AM 博士聽到嗎？

這裏是地球的 AM 博士！是豐色教授嗎？恭候多時！你能使用 AI DOG 2 型聯絡我，即是代表已順利會合科學拯救隊了吧？

   博士，我們已登陸月球！是科學拯救隊的一大步！

 哈哈！我接收得好清楚！

 嘩，這就是你們說的光速通信器？通信遲緩時間只有 1 秒左右，AM 博士果然厲害！

 AM 博士，施汀也把你的什麼實驗品給我了。

 那就好了，那是我繼血紅番茄之後最新研究成功的……

 不用說出來，讓我回到大學實驗室後自己拆禮物吧！

 有勞豐色教授代為照顧我的科學拯救隊了！還有，我的電視訪問即將播放，你們也要留意啊！再見！

好的，我們也起行吧！愛蜜絲，他們會住在哪裏？

 大會安排參賽者住在月球寧靜海大學的學生宿舍，他們的行李已經直接送去宿舍了。我準備帶他們乘搭地底磁浮列車，**向南進入接近赤道的寧靜海市區。**

 愛蜜絲姐姐，妳剛才說月球都有赤道、還有南北嗎？

 當然有。赤道不是地球獨有的。

赤道是指一個星球中央的某一點，隨星球自轉所產生的軌跡中，畫出一條全星球最長的圓周線。

 我家就是住在月球赤道附近啊！

 你家在月球赤道附近，那就位處熱帶，十分炎熱了！

 地球赤道就是位處熱帶，但月球赤道不是特別炎熱的。只是日夜的溫度很懸殊，有太陽照射的一面可升至 120℃，沒有太陽照射的一面會下降至零下 180℃啊！

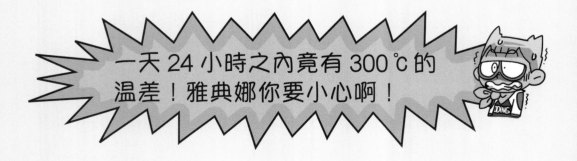

一天 24 小時之內竟有 300℃的溫差！雅典娜你要小心啊！

愛蜜絲　高鼎同學你混淆了，地球與月球的一天有不同的時間。

地球自轉一周需時 24 小時，即一天，而月球自轉一周的時間和月球繞地球公轉一周同為 27.32 天，所以月球上的一天，相當於地球上的 27.32 天。

換句話說，月面會連續受太陽照射約 14 天地球時間，然後連續黑暗約 14 天地球時間。

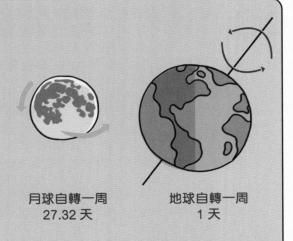

月球自轉一周
27.32 天　　地球自轉一周
1 天

 施丹　月球有赤道，那麼應該都有南北極吧？我有一個磁鐵指南針鎖匙扣，讓我看看前面是否真的是南方！

咦？哥哥你的指南針壞了，每次指向不同的方向！

 愛蜜絲　施丹、施汀，**月球上用不到地球的指南針！**

 高鼎　但月球不是有南北極嗎，為什麼？

 豐色教授　看來你們對地球磁場有一些科學迷思概念，既然 AM 博士拜託我照顧你們，我就為你們**開一個拆解迷思概念課程吧。**

# 地球的磁場

　　磁鐵的特性是「同極相斥、異極相吸」。地球因為有磁場，我們才可使用磁鐵指南針。

　　地球磁場形成的原因至今仍是一個謎，主流的看法是地球內部的「發電機學說」。科學家認為地球內部存在導電的液態鐵，因內外溫差而在不停流動，繼而產生穩定恆久的電流，這種電流就形成地球磁場。

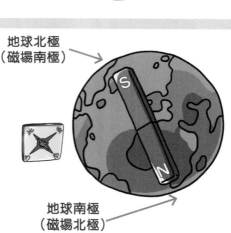

　　你可以把地球內部想像為有一塊超巨大的磁鐵，有着磁鐵南極及磁鐵北極，由於指南針是一塊小磁鐵，於是針頭會跟地球內部的超巨大磁鐵產生同極相斥、異極相吸的現象，從而指示出南北方向。

地球北極
（磁場南極）

地球南極
（磁場北極）

但月球內部構造與地球不同，它不存在地球這樣的「超巨大磁鐵」，所以沒有磁場，月球上的人也不能用磁鐵指南針辨認方向。

那麼你們要用什麼方法來辨認方向呀？

 月球現時已有很多定位及導航用的衛星圍繞了。我的智能手錶的地圖程式就採用衛星定位系統來指示方向，原理跟地球在 21 世紀初開始使用的全球衛星定位系統（GPS）相同！

現在位置

月球定位衛星

 原來如此，即是說這已經不是什麼新科技、新事物了。

 雖然月球沒有天然磁場，但有人工磁浮列車載我們到市區！自動運輸帶即將把我們送到地底磁浮列車「航天港站」了。

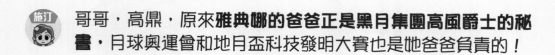

施汀：哥哥，高鼎，原來**雅典娜的爸爸正是黑月集團高風爵士的秘書**，月球奧運會和地月盃科技發明大賽也是她爸爸負責的！

高鼎：嘩！雅典娜同學的爸爸果然很了不起啊！原來你們去年移居月球，就是因為你爸爸要籌辦月球奧運會嗎？

雅典娜：對，因為黑月集團是月球奧運會的主力贊助商，所以爸爸從去年到現在都一直很忙，沒時間帶我去月球到處玩。

施丹 高鼎你看！這個鐵道系統也是由黑月集團設計的，真的很有規模，而且到處也是黑月集團的宣傳海報！

 高鼎 黑月集團真不愧是月球最龐大的科技集團，那位總裁高風爵士不愧是**新世紀發明王**……

**這時，忽然有一個表情不悦的男子，向施丹他們走近……**

 男子 小朋友，你們剛才提起黑月集團嗎？你們在稱讚高風爵士嗎？

 施丹 呀？叔叔你是誰？

待續 ➜ 8.

# 指南針進階小實驗

可以試試進行以下實驗啊！

## 1. 鐵枝磨成指南針

所需工具：磁鐵、縫衣針、油性筆、鈕扣、指南針（或手機程式）、紙板、筆

a. 將磁鐵在縫衣針上**沿同一方向**摩擦，直至針帶有磁性。用油性筆把針尖一端塗上顏色作為指示方向。

b. 在紙板上繪畫「十字」，並寫上「東南西北」四個方向，成為方位盤。把鈕扣貼在中央，把磁化了的針放在鈕扣上自由轉動。

不可來回方向摩擦！

c. 磁化針停止轉動後，把方位盤慢慢轉動，直至針的指示方向與方位盤南北方向相同。

d. 用真正的指南針作對照，看看自製指南針的指示方向是否正確。

目的：利用磁鐵和縫衣針自製指南針，並找出南北方向。

## 2. 水上指南針

所需工具：磁鐵、縫衣針、發泡膠、碗、水、指南針（或手機程式）

a. 重複 1a 製作磁化針。把針以水平方向插入發泡膠的中間，把發泡膠小心放在碗中的水面上。

b. 磁化針帶動發泡膠慢慢轉動，停定後，便可找出南北方向。

c. 用真正的指南針作對照，看看水上指南針的指示方向是否正確。

目的：利用磁鐵自製水上指南針，並找出南北方向。

# 月球表面的經典實驗!

## ～較重的物體會掉得較快?

# 破解「自由落體」迷思概念挑戰題

## 以下有關「自由落體」的迷思，你認同嗎？
## 在適當的方格裏加✓吧！

|  | 是 | 非 |
|---|---|---|
| A. 在地球，我們把一重一輕的兩個鐵球在同一高度同時放手，重的鐵球會先着地。 | ☐ | ☐ |
| B. 在地球，我們把一重一輕的兩個鐵球在同一高度同時放手，重的鐵球越跌越快，輕的鐵球越跌越慢。 | ☐ | ☐ |
| C. 在地球，我們把一重一輕的兩個鐵球在同一高度同時放手，兩個鐵球會同時着地。 | ☐ | ☐ |
| D. 在月球，我們把一重一輕的兩個鐵球在同一高度同時放手，重的一個鐵球會先着地。 | ☐ | ☐ |
| E. 在月球，我們把一重一輕的兩個鐵球在同一高度同時放手，兩個鐵球會同時着地。 | ☐ | ☐ |

正確資料可在此章節中找到，或翻到第 144 頁的答案頁。

**男子**：黑月集團的高風爵士是**大騙子**！

 **愛蜜絲**：先生！請你說話客氣一點，你嚇壞我的學生了！

 **男子**：哼！你們不相信我就罷了，再見！

 **施汀**：那叔叔走了……真讓我嚇一跳，愛蜜絲姐姐多謝你啊！

 **愛蜜絲**：別客氣，我是負責保護你們三位的啊。你們不用擔心！

 **高鼎**：想不到月球上也有這些怪人，雅典娜同學你沒嚇怕吧？

 **雅典娜**：我沒事。不過，我覺得剛才那位叔叔有點面熟……

 **豐色教授**：黑月集團的發展越來越大，在市場上總會有競爭者和敵人。大家不用慌張，我們來入閘，乘搭磁浮列車吧。

這鐵路穿梭寧靜海大學至航天港各站。

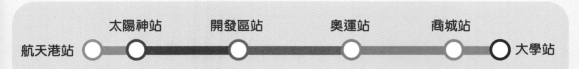

航天港站 ── 太陽神站 ── 開發區站 ── 奧運站 ── 商城站 ── 大學站

**黑月磁浮鐵路系統　　寧靜海線**

**愛蜜絲** 明天就是發明大賽決賽，你們要在**寧靜海大學參加攤位展覽**，向評判及公眾人士介紹發明品。現在早點回宿舍準備和休息吧！

**施丹** 難得來到月球，我不要一來到就在宿舍睡覺！

**雅典娜** 愛蜜絲姐姐，我也想帶施丹和施汀去我家坐坐，見見爸爸媽媽，大家是親戚嘛！

**愛蜜絲** 這個……

**豐色教授** 愛蜜絲，既然他們這麼積極，就帶他們到「太陽神站」吧。那是每位來到月球的旅客必去的景點啊！

**愛蜜絲** 好吧！**我們就先去太陽神站！**

太好了！出發！

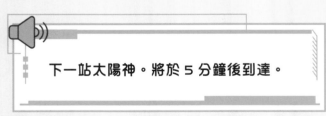

下一站太陽神。將於 5 分鐘後到達。

**施丹** 「太陽神」這個站名好威猛，那裏有什麼來頭呢？

**雅典娜** 它的全名是「太陽神 11 號登月點」，那裏有一間「登月點博物館」，媽媽帶我去參觀好幾次了！

那個博物館就是紀念 1969 年美國的太陽神 11 號太空人第一次踏足月球的事跡。

 好呀，雅典娜同學，你就擔任我們的導遊吧！

　　磁浮列車到站後，一行六人乘升降機由地底上升到月面，進入一個巨型玻璃罩。抬頭一看，現時雖然是白天，太陽大大地掛在空中，但天空果然不是藍色，而是黑色的。

 嘩！博物館前排隊的人龍很長呀！怎麼辦？

 正值月球奧運會，當然有大批來自月球各地或地球的旅客啊！不過我、教授和你都是月球寧靜海區居民，而施丹他們也是發明大賽的地球代表，所以不用排隊就能直接入場啊！

 原來我們的身分這麼尊貴嗎？那就快入場吧！

太陽神 11 號登月點博物館
1969 年太陽神 11 號登月點

 入口大堂那片土地，你們必須一看！那裏就是人類首次踏上月球的地方。博物館刻意重現及保留了這個歷史景點。

That's one small step for a man, one giant leap for mankind!

 這是我個人的一小步,卻是全人類的一大步!

那就是登月第一人尼爾岩士唐說的名句啊!

地面上還保留了當日太空人登陸月球時的第一個月面腳印!

另一位才是岩士唐,你指着的是登月第二人:巴斯艾德靈啊。

 **愛麗絲** 當時太空船為了攜帶月球石頭和塵埃返回地球研究,必須減低重量,於是他們要把所有非必需品留在月球,例如太空靴、毛巾、太空食品的包裝物品,還有幾袋排泄物!

 **施汀** 哈哈!原來岩士唐和艾德靈是最先在月球亂拋垃圾的人!

**豐色教授** 太空人留在月球的並非只有垃圾，例如有一塊象徵和平的黃金橄欖枝、向航天前人致敬的紀念章。這裏還有一塊不鏽鋼登月紀念牌，上面刻有太空人和總統的簽名，以及一段文字：

公元 1969 年 7 月。

來自地球的人類首次踏上月球。

我們為了全人類的和平而來。

 教授，請問當年這塊紀念牌是給誰看的？

好問題，我們也不知道答案！

**施汀** 我知道，是給之後可能來到月球的外星人看的！大前提當然是如果有外星人！

**高鼎** 如果有外星人的話，它們懂地球人的文字嗎？

**愛蜜絲** 也許外星人有即時影像翻譯裝置，那就難不到他們了。

＊＊＊＊＊＊

**雅典娜** 快來快來！前面這個月球小實驗，我玩過幾十次，仍是那麼喜歡玩！你們也來試試吧！

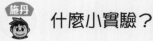 **施丹** 什麼小實驗？

這是 1971 年太陽神 15 號太空人史考特，於人類史上第四次登陸月球時，在地球電視觀眾面前即時示範的經典實驗：

他在沒有空氣的月球表面，把一把鐵鎚和一根羽毛同時放手，讓它們自由落下。

 我認識這實驗，但不是這太空人原創的！傳聞意大利的科學家伽利略早於 1589 年，也曾走到比薩斜塔頂層，當眾扔下一重一輕兩個球啊！

 真的多此一舉，不用做實驗都知道結果吧？當然是重的球首先落地！

 我同意！而且重的球會越跌越快，輕的球就越跌越慢！

 我就認為無論重的和輕的球都會越跌越快，不過輕的沒有重的那麼快！

你們的想法跟公元前 4 世紀的希臘哲學家亞里士多德非常相似，他曾經說過：物體掉落的速度由重量所決定，物體越重，落下的速度越大！

 果然是我答對！英雄所見略同！

 **但是他的想法是有問題的，那只是二千多年前的想法！**伽利略就是不相信亞里士多德，於是才上了比薩斜塔進行實驗。

 **拆解科學迷思概念課程，現在開始吧！**

大家想一想，假設重鐵球落下的速度較快，輕鐵球落下的速度較慢。那麼，當我們把兩個鐵球捆綁在一起，然後從高處放下，它們落下的速度會有什麼變化？

 重鐵球會受到輕鐵球拖累，落下速度變慢；輕鐵球則受到重鐵球影響而加速。我估計兩個鐵球最終的速度會介乎兩者中間。

不是呀！當兩個鐵球捆綁在一起時，重量便會增加了，當然速度會越跌越快！

**豐色教授** 你們實際進行實驗就知答案！

玻璃罩外是真實月球表面，**沒有空氣阻力的空間。**

你首先穿上那對防輻射安全手套，然後伸手出玻璃罩外，進行太陽神 15 號的經典實驗——**就是在同一高度同時放下一個鐵鎚和一根羽毛！**

三、二、一、放手！

噗！

鐵鎚和羽毛竟然同時到達月球表面！為什麼會這樣？

# 重力加速度

「重力加速度」並不是數學方程式的「重力＋速度」，而是指物體因「重力」而獲得的「加速度」。

物體落下時，真的會越跌越快，科學家稱之為「加速度」。但物體的加速度跟它的重量無關，剛才一個鐵鎚和一根羽毛同時落到月球表面就能證明。

物體的加速度跟身處的星球的重力有關，但跟重量絕對無關！所以無論物體有多重、或多輕，落下的速度是相同的。

在地球的一般環境，羽毛會受到空氣阻力的影響而減慢降落速度，甚至會被風吹走，令這實驗無法公平地進行。所以伽俐略在 1589 年才會用兩個重量不同的鐵球來進行實驗。

月球表面沒有空氣，即是沒有空氣阻力、也沒有風，從相同高度掉落的兩物體會同時着地，而且着地前那一瞬間的最終速度也會相同。

物體從地球高處落下時，地球的重力令該物體每經過 1 秒，速度增加 9.81 米每秒。由於月球的重力加速度只有地球六分之一，即 9.81 ÷ 6，所以物體從月球高處落下時，每經過 1 秒，速度只增加 1.635 米每秒。

## 重力加速度

地球 = 月球 x 6

換句話說，地球的重力加速度是月球的六倍！所以同一物體在地球受到的重力，比在月球上大六倍！

愛蜜絲　謎團已經解開，是時候離開了，起行到下一站吧。

雅典娜　歡迎！我的家就在「開發區站」！

六人再乘坐磁浮列車，不用十分鐘已到了開發區站，然後轉乘磁浮巴士，再乘升降機深入地底。

你們原來是「地底人」！

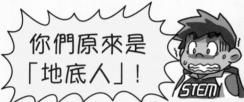

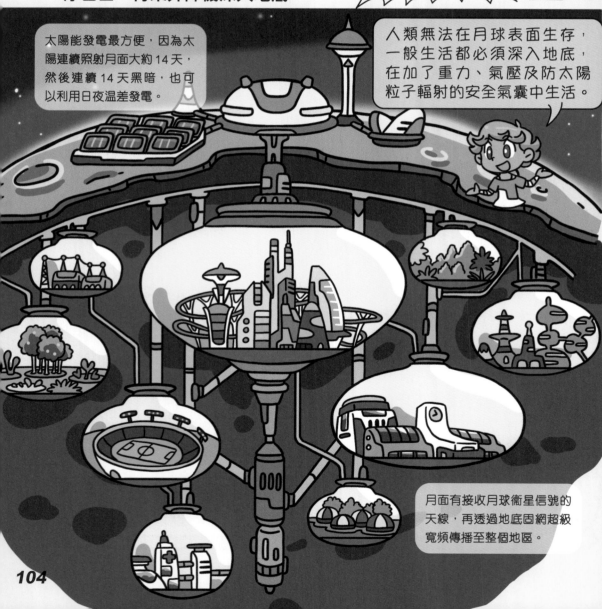

太陽能發電最方便，因為太陽連續照射月面大約14天，然後連續14天黑暗，也可以利用日夜溫差發電。

人類無法在月球表面生存，一般生活都必須深入地底，在加了重力、氣壓及防太陽粒子輻射的安全氣囊中生活。

月面有接收月球衛星信號的天線，再透過地底固網超級寬頻傳播至整個地區。

開發區地底建有超巨大回旋增加重力機，重力機內就是住宅、學校等設施。居民上落依靠升降機，磁浮飛行器通道在最接近月球表面的一層，像蜘蛛網般延伸出去。

 雅典娜同學，妳對月球的科學知識好豐富啊！

 我住在月球一年了，這是日常生活知識。另外，月球自身的晝夜對我們在地底的生活沒大影響，所以**大家仍在採用地球曆法，一天 24 小時，來遷就我們的習慣和生理時鐘。**

　　大家乘電梯到「負 10 層」雅典娜的家，雅典娜的媽媽早已在恭候來自遠方的客人。

 歡迎！難得享譽盛名的豐色教授、三屆地月盃金獎得主愛蜜絲小姐大駕光臨，真的蓬蓽生輝！施丹和施汀，好久沒見了！

 一年沒見！我外婆的哥哥的孫兒的妻子的表妹的媽媽！

 大家今晚留下來吃飯吧！我會弄月球特色大餐——**鹹蛋黃行星蛋糕！**

 雅太太不用客氣了，小朋友們明天要參加地月盃科技發明大賽，稍後就要回去宿舍準備和休息了！

 地月盃？雅典娜他爸就是為了這大賽忙個不停，否則我們本應盡地主之誼，帶你們到處遊覽月球的。

 呀，爸爸回來了！

施丹　很久沒見！你是我外婆的哥哥的孫女的表妹的媽媽的丈夫！

 雅先生　呀……很久沒見，你們是施肥……和施經……

 雅典娜　爸爸！他們是施丹和施汀啊！

我換件衣服就返回公司。已經三晚沒睡覺了……

大家來喝一杯月球南極原生冰塊特飲吧！我加入了湯力水，並用紫外光杯盛載，會發出熒光！

在月球上萬能網的速度和地球一樣快！

是熒光的特飲啊！

這時，大家看到 OLED 屏幕播放着月球奧運會的宣傳廣告，開幕典禮在明晚就要盛大舉行了！

 施丹　唉……我們難得來到月球寧靜海，卻不能親身入場觀看奧運開幕典禮，愛蜜絲姐姐又不能帶我們進場，太可惜了！

 豐色教授　我明晚會當開幕典禮特別嘉賓，可惜也無法帶你們入場……

**雅太太** 因為爸爸是黑月集團員工，我們一家三口都可以入場觀看開幕典禮啊。等爸爸換衣服出來後再問問他，或者他有辦法！

 **愛蜜絲** 發明大賽在明天下午完結後，你們也可以返回宿舍，用黑月集團提供的超立體耳筒，觀看開幕典禮啊！

 **高鼎** 我們才不用黑月集團的超立體耳筒！博士說那是可疑產品！

 **雅典娜** 可疑產品？啊！爸爸出來了！爸爸，你明晚有辦法帶施汀他們入場觀看奧運會開幕典禮嗎？

 **雅先生** 唉……公司通常預留了地球嘉賓席的門票，但要**先得到總裁許可才能送出去的**……而且只剩下一天時間，我稍後回去問一問他吧。好累……各位，我要回公司了，失陪……

 **雅太太**  **雅典娜**　爸爸辛苦你了。

　　雅典娜看着精神恍惚的爸爸和他疲累的背影，覺得似曾相識，突然想起剛才在車站遇到的男子。

 **雅典娜** 我想起來了！剛才我們遇到的那個人，去年我曾見過他！他是爸爸以前的上司，**是黑月集團的上一任秘書啊！**

 *待續➔9.*

# 自由落體進階小實驗

可以在家中試試啊！

## 1. 經典自由落體實驗

所需工具：兩個不同重量的球體（如網球及乒乓球）、手機、緩衝膠墊

a. 在桌面或地板鋪設緩衝膠墊。

b. 站住高處，雙手拿着兩個不同重量的球體，在相同高度同時放開，讓它們自由落下。

c. 以手機錄影整個自由落下的過程，之後以慢鏡觀察兩個球體是否同時着地。

d. 為了增加準確度，可選用各種不同的物體及在不同的高度重複實驗。

目的：探究兩個不同重量的物體自由落下的時間。

## 2. 自由落下的水瓶（這實驗容易弄污環境，須在空曠地方進行！）

所需工具：縫衣針、塑膠瓶、顏色水、手機

a. 在塑膠瓶接近底部鑽兩個小孔。（**使用尖銳道具請由家長代為處理！**）

b. 把顏色水倒入塑膠瓶內，會看見水柱從小孔噴出。

c. 站住高處，讓塑膠瓶自由落下，觀察水柱的變化。

d. 以手機錄影整個過程，之後以慢鏡觀察水柱有沒有噴出來。

目的：探究物體自由落下時的失重現象。

# 發明大賽．
# 奧運會同日開幕！

## ~ 在月球跑步比地球上快？

# 破解「月心吸力」迷思概念

# 挑戰題

以下有關「月心吸力」(月球的重力)的迷思,
你認同嗎?在適當的方格裏加✓吧!

| | 是 | 非 |
|---|---|---|
| A. 月心吸力與地心吸力的強度差不多。 | ☐ | ☐ |
| B. 地心吸力的強度大約是月心吸力的六倍。 | ☐ | ☐ |
| C. 我們在月球上的體重大約是地球上的六分之一。 | ☐ | ☐ |
| D. 跳高運動員在月球表面跳高的高度,理論上大約是地球的六倍高度。 | ☐ | ☐ |
| E. 跳遠運動員在月球表面跳遠的距離,與在地球表面跳遠的距離比較,理論上差不多。 | ☐ | ☐ |
| F. 100 米短跑運動員在月球表面完成短跑的時間,理論上比在地球快。 | ☐ | ☐ |

正確資料可在此章節中找到,
或翻到第 144 頁的答案頁。

## 月球兩大盛事同日展開！今日節目推介！

- 黑月集團主辦「地月盃」科技發明大賽月球總決賽

  上午 11 時於寧靜海大學舉行，地球與月球的學界發明作品匯聚，歡迎公眾人士到場參觀！

- 第 47 屆月球奧運會開幕典禮

  晚上 8 時於月立運動場隆重舉行！同場加映主力贊助商黑月集團新產品發布會！［電視觀眾可配合超立體耳筒及虛擬實景廣播平台，享受現場真實體驗］

- 月球科學頻道 黑月集團呈獻《科學新知》

  晚上 8 時播映研發「血紅番茄」的地球科學家 AM 博士專訪。

**施汀**：你們看！AM 博士的專訪今晚終於在月球科學頻道播出了，但是播映時間跟月球奧運會開幕禮同期啊！

**高鼎**：我們沒時間同情博士了。發明大賽總決賽馬上就開始，我們要準備布置攤位和最後測試發明品了！

**施丹**：今日是我們少年未來科學拯救隊第一個遠征月球的任務，我們三位隊長都要努力！

出發～！

你們今天要向公眾人士介紹自己的發明品，他們當中混入了大會的評判，並會暗中評分。別放鬆啊，加油！

**111**

在黑月集團的龐大宣傳下，真的有大批公眾人士到來參觀大賽！
施丹、施汀和高鼎為了介紹他們的發明品，嘴巴忙過不停！

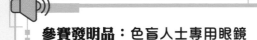

**參賽發明品：色盲人士專用眼鏡**
**發明者：施丹（熱血高級科技小學）**
　　　　少年未來科學拯救隊男隊長

**參賽發明品：太陽能彩虹製造機**
**發明者：施汀（熱血高級科技小學）**
　　　　少年未來科學拯救隊女隊長

患有色盲的我現在看到草和花有不同層次的顏色，太感動了！

想不到我來到月球也可看到浪漫的彩虹！

我這個發明可過濾出人眼敏感度最高的紅光及綠光。幫忙色盲人士分辨兩種顏色！

但你要找更多色弱和色盲人士做測試，然後報告成效啊！

他們的確很有創意，科學知識也準確。即使 AM 博士不在場，他們也很認真。真不愧是少年未來科學拯救隊！

🔊))) 參賽發明品：**生態背囊防疫氧氣瓶**
發明者：**高鼎（熱血高級科技小學）**
**少年未來科學拯救隊高隊長**

我這個發明配備了三稜鏡及太陽能發電板。只要有光，即使沒有下雨，也可以將來自任何方向的陽光折射出彩虹！

好有型！你是機械人嗎？

你這個瓶子這麼小，植物也太少，生產的氧氣不足，你很快會缺氧啊！

瓶裏的動植物會進行光合作用和呼吸作用，無時無刻提供新鮮氧氣。如果你擔心氧氣不足，我可以構思補充氧氣包！

113

# 4 小時後……

**愛寶絲** 辛苦大家了！參觀時間終於結束了！

**高鼎** 連續說話四小時，我的舌頭打結了！為了示範氧氣口罩，我深呼吸了無數次啊！現在終於鬆一口氣了！

**施丹** 你們知道剛才哪些人是評判嗎？幸好有 AI DOG 2 型為來賓進行人臉辨識，它認出了五個人有機會是評判！

**高鼎** 剛才我的 AI DOG 2 型告訴我，有一位小孩是專業人士的機會有 **95%**！所以我很有耐性地為他講解。

**施汀** 小孩？高鼎你的 AI DOG 2 型應該弄錯了吧？

**愛寶絲** 我看到你們有全力以赴已經足夠。比賽已完結，結果要明天才公布，接下來就可放鬆了！

**施丹** 唉……我現在只想今晚可以入場觀看月球奧運會開幕典禮。

**施汀** 呀！你們看，雅典娜同學正跑過來！

好消息呀！我得到了三張月球奧運會的 VIP 入場券！我們所有人今晚都可以入場了！

高鼎　太好了！是你爸爸向公司申請的嗎？太感激他了！

 雅典娜　不是我爸爸，是他的老闆——黑月集團總裁高風爵士送給我的……

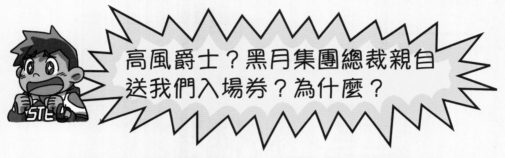

高風爵士？黑月集團總裁親自送我們入場券？為什麼？

 雅典娜　爸爸遺留了手提電腦在家，所以我今早帶着 AI DOG 2 型，把電腦帶回爸爸的公司，碰巧遇到高風爵士。爵士對 AI DOG 2 型很感興趣，想借來欣賞一下，於是我就……懇求他用奧運會的 VIP 入場券來交換了。對不起……

施汀　高風爵士竟用三張 VIP 入場券來交換 AI DOG 2 型？

＊＊＊＊＊＊

黑月集團總裁辦公室 ☾M

 雅先生　爵士，地月盃大賽完結了，評審們的評分都在這裏了。

 高風爵士　好，市民反應真理想！你想到我們可以借用月球奧運會的風頭來幫忙宣傳這大賽，實在很不錯！

 雅先生　謝謝……今屆的參賽作品水準也很好，尤其是科學拯救隊那三個發明品，評審們給他們的分數很高。

 你身為我的秘書，想個理由向公眾交代吧。我要準備今晚的新產品發布會了，集團難得爭取到在奧運會的開幕典禮前發表，萬眾期待啊！

 今晚……真的要讓月球和地球居民透過超立體耳筒觀看節目嗎？我擔心那個缺陷會引起大災難啊……

 **集團研究了超立體耳筒這麼久，早已知道它的缺陷，**你現在才臨陣退縮？難道你想跟前秘書一樣，被我解僱嗎？

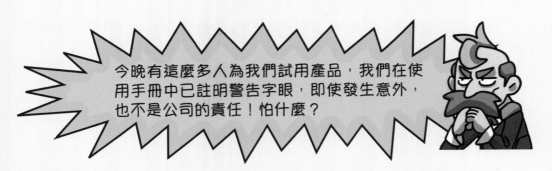

今晚有這麼多人為我們試用產品，我們在使用手冊中已註明警告字眼，即使發生意外，也不是公司的責任！怕什麼？

 **雅先生**　知道……對不起……

 **高風爵士**　今晚我會坐鎮在這裏，利用超立體耳筒用虛擬會議模式出現，不會親身到場。**如果場內有任何狀況出現，你自己解決！**

 **雅先生**　好的……啊？這一個就是我女兒的小狗毛公仔嗎？

 **高風爵士**　沒錯，你女兒說這是 AM 博士的作品，我當然要研究。**只要破解它的原創功能，我就搶先註冊，它就會成為集團的新產品！**我用三張 VIP 入場券來交換，很值得吧！

 **雅先生**　好……謝謝你給我女兒的三張 VIP 入場券。

 **高風爵士**　今晚你去奧運會放鬆一下吧！**明天再回來努力工作，是時候想一想下年發明大賽的主題了！**

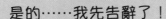 是的……我先告辭了！

＊＊＊＊＊＊

科學拯救隊得到 VIP 入場券後,迫不及待跟着愛蜜絲、雅典娜兩母女乘着磁浮列車前往位於「奧運站」的月立運動場。

列車已到達奧運站!

施汀　終於來到月球奧運會的主場館!好像做夢一樣呀!

嘩!這個場館好大呀!

我是第一次親身進來!好宏偉!

這個巨大的場館竟然一根柱子也沒有,卻不會塌下來!

好神奇!

遠處還有一個聖火火炬台!

這裏本來是月球天然的熔岩管，這些地底管道可以阻擋外太空的高能粒子輻射，也可以減低日夜溫差。建築商就善用這地形，把它改建成奧運場館。

大約 35 億年以前，月球曾發生大規模的火山活動，噴發了大量熔岩。熔岩流過月球地面時，當時月面有可能正背向太陽，長時間沒有受太陽照射，令熔岩表面因低溫而冷卻凝固，但熔岩內部仍維持高熱繼續流走，於是形成這個中空的巨型熔岩管。

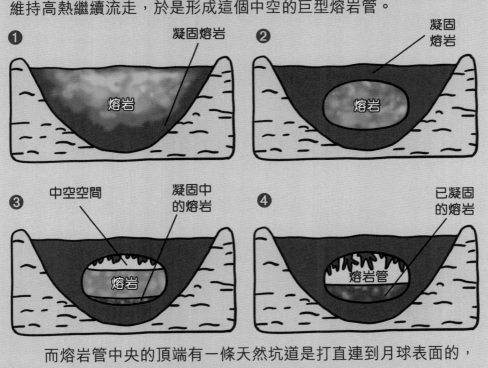

而熔岩管中央的頂端有一條天然坑道是打直連到月球表面的，這些豎坑即使在月球表面的衛星相片上也能看到。

 開幕典禮後，首天賽事是田徑。你們還有什麼賽事想看？

第二天賽事我要看劍擊！自從 2021 年地球奧運香港隊有張家朗選手贏得第一面個人花劍金牌後，一直屢創佳績。這項目一定要去捧場！

高鼎　這個場館的氣壓、溫度、濕度跟地球的差不多，地球的選手是頂尖運動員，來到月球之後，表現應該相差不大吧。

施汀　不對，月心吸力只是地心吸力的六分之一啊！地球的田徑運動員來到月球後會變輕，跳高運動員肯定會飛上高空！

施丹　在月球上跑步可以身輕如燕，100 米短跑肯定快過在地球上，看來可以打破地球紀錄，跑到 9 秒以下！

愛蜜絲　你們看，屏幕上正在播放月球奧運會預賽時的精華影片，你們證實一下吧。

## 月球奧運會田徑預賽結果

男子跳遠
首名：53 米

男子 100 米短跑
首名：20 秒

男子跳高
首名：14.5 米

跳高可跳到六倍高！

跳遠可跳到六倍遠！

跑手在地球不需 10 秒就能跑完 100 米，在這裏反而更慢！

愛蜜絲 豐色教授早已準備好**拆解「月心吸力」科學迷思概念的課程資料**,但他要當開幕典禮的特別嘉賓,你們自己來看看吧!

 **豐色教授告訴你!** # 月球田徑項目成績預測

**跳高:**

地球跳高的世界紀錄是 2.4 米。

假設跳高運動員來到月球,向上起跳速度跟地球相同,由於月心吸力只是地心吸力的六分之一,理論上運動員在月球跳高的騰空時間是地球的六倍,高度也會是地球的六倍,達到 14 米以上!

**跳遠:**

地球跳遠的世界紀錄是 8.9 米。

假設跳遠運動員來到月球,助跑後的向前跳遠速度跟地球相同,並儘量以 20 至 45 度傾斜角度起跳,由於月心吸力只是地心吸力的六分之一,理論上運動員在月球跳遠的騰空時間是地球的六倍,距離也會是地球的六倍,達到 50 米以上!

**100 米短跑：**

現代短跑技術的核心是增加步距（每踏一步的距離）及步頻（腳步落地的次數），以地球 100 米短跑選手、牙買加的保特為例，他於 2009 年打破了當時的世界紀錄，以 9.572 秒、只需 41 步跑完 100 米。

**經過計算得知，他每步相隔 0.233 秒。**

短跑選手來到月球後表現反而會變差。由於月心吸力是地心吸力的六分之一，運動員的騰空時間是地球的六倍。如果保特在月球跑 100 米，他每步相隔需時 0.233 秒的六倍，即 1.4 秒才跑一步，雖然步距可能比地球上較遠，但整體也彌補不了。

換句話說，人們在月球上跑步，由於引力太小，在空中的時間較長，雙腳騰空後無法快速落地，所以兩次觸地時間拉長了，變得很難加速。所以看起來，月球短跑運動員的跑姿是輕飄飄的，反而像三級跳項目的選手。

就好像我們在地球騎單車，即使我們用較大的力施於踏板上，但只會令我們的身體上下起伏較大，對單車加速是沒有幫助的。

　　會場的射燈漸漸熄滅，開幕典禮即將開始。月球奧運會籌辦委員會、地球聯合國秘書長及贊助商等貴賓逐一入場。

 雅典娜，你看到「黑月集團」的旗幟嗎？帶頭的就是爸爸啊！快揮手！

雅典娜　呀，見到了！爸爸～看看我！

 施丹　不如我們用 AI DOG 2 型把開幕典禮轉播給博士觀看吧？他不會使用超立體耳筒，無法欣賞儀式就太可惜了。

 施汀　好呀……咦？博士沒有回應，真奇怪，難道又昏睡了？

 高鼎　我試試瀏覽地球的萬能網，看看有什麼消息吧……**呀！不得了！你們快來看看地球的即時新聞！**

2080 年 6 月 21 日 20:00　**地球即時新聞**　星期五（工作日）農曆五月初四

 **血紅番茄學者 AM 博士研究所失火！**

不可能吧？

難道研究所被商業間諜縱火？

**待續 ➜ 10.**

# 重量的進階小實驗

可以在家中試試啊！

## 1. 地球月球糖果包

所需工具：不透明袋 ×2、糖果（或積木等小物件）×7

a. 用一個袋子盛載一顆糖果並封口，另一袋子盛載六顆重量和大小相同的糖果並封口。

b. 分別用雙手同時托起兩個袋，感受某物體在地球與月球重量的分別。

目的：感受物體在地球與月球重量的分別

## 2. 地球月球包裹

所需工具：不透明盒子 ×2、積木（或糖果等小物件）×7、磅

a. 用一個盒子盛載一件積木並封口，另一盒子盛載六件重量和大小相同的積木並封口。

b. 分別把兩個盒子放在磅上，模擬某物體在地球與月球重量的分別。

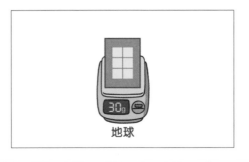

地球

月球

目的：比較物體在地球與月球重量的分別

# 盗用發明品大風波！

## ～ 只有用水才能救火？

# 破解「火三角與乾冰滅火」迷思概念挑戰題

以下有關「火三角與乾冰滅火」的迷思，你認同嗎？
在適當的方格裏加 ✓ 吧！

|  | 是 | 非 |
|---|---|---|
| A. 乾冰是低於攝氏零度而沒有融解成水的冰。 | ☐ | ☐ |
| B. 乾冰是低溫氮氣製成的白色固體，沒任何水分。 | ☐ | ☐ |
| C. 乾冰在室溫時會昇華，直接由固體變成水蒸氣。 | ☐ | ☐ |
| D. 把乾冰放入水中會快速變成二氧化碳氣體。 | ☐ | ☐ |
| E. 「火三角」是燃燒的三種必須條件，包括：燃料、高溫、二氧化碳。 | ☐ | ☐ |
| F. 二氧化碳氣體隔絕火焰與附近的氧氣接觸，從而達到滅火的效果。 | ☐ | ☐ |
| G. 向火焰灑水可以令燃料降溫，達到滅火效果。 | ☐ | ☐ |

正確資料可在此章節中找到，或翻到第 144 頁的答案頁。

月球奧運會開幕典禮開始前一刻，科學拯救隊才得知地球的 AM 博士研究所失火，之後即使節目多精彩，他們也沒心情看了！

 施丹　我重設過 AI DOG 2 型好多次了，仍然聯絡不到博士！

 高鼎　我有追查地球的即時新聞，但沒有進一步消息！

 施汀　太令人擔心了，博士現在安全嗎？

 愛蜜絲　你們別擔心太多了。現在我們不知道 AM 博士研究所的損毀情況，還未能斷定博士是否有生命危險。

 雅典娜　施汀。現在我們無法做什麼，只好繼續等消息吧。

這時，會場燈光一變，正中央投影出一個十幾米高的巨大立體影像——就是黑月集團的總裁高風爵士！

 雅太太　爸爸公司的新產品發布會環節，要開始了！

 博士的遺志是發明創作，我們就代他看看新產品吧！

 哥哥你說什麼「遺志」，博士還未死啊，只是我們聯絡不上他！

127

高風爵士 各位月球和地球的朋友，今年黑月集團的新產品發布會特別移師到月球奧運會的開幕典禮之中，本人高風，很榮幸為各位介紹**四款奧運會珍藏紀念品——**

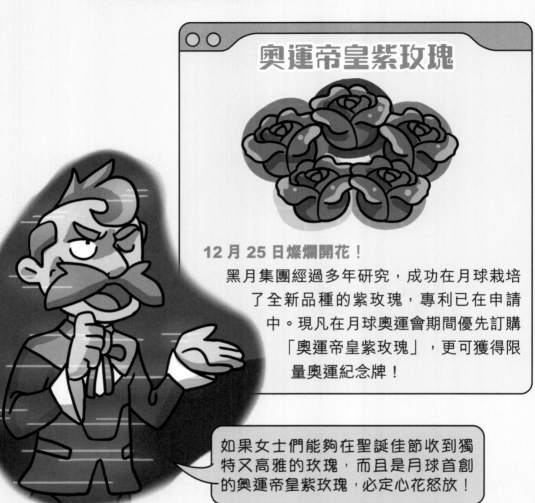

## 奧運帝皇紫玫瑰

**12 月 25 日燦爛開花！**

黑月集團經過多年研究，成功在月球栽培了全新品種的紫玫瑰，專利已在申請中。現凡在月球奧運會期間優先訂購「奧運帝皇紫玫瑰」，更可獲得限量奧運紀念牌！

如果女士們能夠在聖誕佳節收到獨特又高雅的玫瑰，而且是月球首創的奧運帝皇紫玫瑰，必定心花怒放！

什麼！那不是 AM 博士原創的紫月玫瑰嗎？

## 色盲矯視智能護目鏡

解決先天遺傳的缺陷，智能濾鏡為色盲人士過濾出準確色光，屏幕配合 AR 擴增實境，能顯示額外資訊，令你知得更多！產品已經有一萬名色盲人士試戴，成效顯著！

那是我的色盲人士專用眼鏡啊！
他們還找到一萬人來測試？

## 夢幻太陽能彩虹魔法棒

本集團向牛頓致敬而發明超級多稜鏡，利用人工智能探測陽光位置，即時調節角度，全天候全方位投射巨大彩虹，象徵「辦法總比困難多」！

那句標語是我創作的啊！

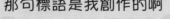

## 新世紀防疫生態保護罩

無懼空氣污染及瘟疫！背囊中的基因改造植物源源不絕為你提供新鮮的氧氣，而且背囊採用強化纖維，置身月球表面也不會爆破！媲美太空衣！

那是我的發明啊！他們還採用了基因改造植物和昂貴的強化纖維，改善了我的作品問題！

施汀！為什麼這些新產品全部都是你們設計的？爸爸搞錯了學生發明品及新產品嗎？

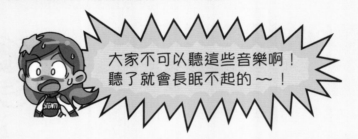

黑月集團抄襲～！

 哪有這麼巧合？但是學生們的作品實物今早才首次曝光，黑月集團沒可能這麼快就把它們複製過來！

 黑月集團以人為本！好了，現在是時候由集團的虛擬音樂平台，為大家送上最新創作的主題曲⋯⋯

大家不可以聽這些音樂啊！聽了就會長眠不起的～！

即使三人怎樣高聲尖叫，也掩蓋不了現場觀眾的歡呼聲、高風爵士的演說聲以及背景的樂曲。正在科學拯救隊絕望之際⋯⋯

# 柔和的背景音樂突然中斷，變成了非常刺耳的男人歌聲！

好難聽！這是什麼音樂？

耳膜都穿了，真受不了！

 哥哥，高鼎，我認得這難聽的歌聲⋯⋯是 AM 博士的歌聲啊！

會場的燈光再度閃滅，場館正中央再投影出另一個十幾米高的
巨大立體影像——竟然就是 AM 博士！

 **高風爵士**：AM 博士！為什麼你可以連接到黑月集團的網絡來到這裏？
現在是本集團的新產品發布會，你沒權胡亂闖入！

 **AM博士**：高風爵士幸會，我花了好多工夫研究　貴公司的超立體耳筒
啊！你剛才公開的新產品，全部都是由我和科學拯救隊構思
的，我當然有權進來！

胡説！那些產物都是黑月集團
設計，我們已經申請了專利！

你只是巧取豪奪！把別人
的發明搶先註冊專利，然
後以黑月集團名下推出！

博士説得好！

博士好高大
有型啊！

高風爵士他
心虛慌亂了！

 超立體耳筒本來就有缺陷！使用者用來收聽虛擬音樂平台時會昏昏欲睡，高風爵士你是催眠學的專家，卻利用這缺陷實行邪惡計劃：

你由三個月前就向地球的數百個學者送出耳筒，然後用催眠電波令他們回溯一生的科研成就。**你一發現未有註冊專利的新點子，就立即據為己有、研發成為集團的新產品！**

 哈哈！你想出這樣的故事來誣告本集團，果然是創意無限！

 你剛才的四個新產品，就是**四月時趁我和科學拯救隊三位隊長戴着耳筒昏睡期間，從我們的回憶中偷來的！**你這個行動令地球發生好多宗沉睡不起的意外，你知道有多危險嗎？

 那麼今晚有問題嗎？有幾十億地球和月球市民同時使用超立體耳筒收看月球奧運會的開幕典禮，有意外發生嗎？

 當然沒有！因為我已破解了　貴公司音樂平台的機關，把催眠曲改為我主唱的歌曲，才化解這浩劫！

 沒有發生意外即是沒有證據，你怎樣胡說都可以！

 誰說我沒有證據……AI DOG，播給大家來聽聽！

知道！啟動重播！

## 黑月集團大樓總裁辦公室　對話重播

篩選條件：高風爵士的話

☆ 好可惜，科學拯救隊不會得到任何獎項！只怪他們創意太好，但運氣太差了！

☆ 集團研究了超立體耳筒這麼久，早已知道它的缺陷。

發明大賽的評審竟然有黑幕！

☆ 我們在使用手冊中已註明警告字眼，即使發生意外，也不是公司的責任！怕什麼？

☆ 這是 AM 博士的作品，我當然要研究。只要破解它的原創功能，我就搶先註冊，它就會成為集團的新產品！我用三張 VIP 入場券來交換，很值得吧！

高風爵士承認他是掠奪別人的發明！

 為什麼你會有我辦公室的錄音？你裝了偷聽器！

 偷聽器是你自己帶入辦公室的，就是 AI DOG 2 型了！它正是一個光速通信器，**你所有對話只需 1 秒已經傳到地球了。**

對了！我的研究所失火了，是你為了掩飾抄襲的罪行，所以派人去燒毀我的成果！

哪有可能！你的紫玫瑰算什麼？值得我派人去縱火嗎？

 哈哈，我有說過你抄襲我的作品是紫玫瑰嗎？大家聽到吧！高風爵士親口承認奧運帝皇紫玫瑰是偷取我的知識產權！

 糟了！我竟然上了你的當！

 高風爵士的紫玫瑰肯定是臨時染色的，購買後肯定會褪色啊！黑月集團沒有改錯名，簡直是月球的 "dark side" 啊！

你這無良商人，是月球的黑暗面……背面才對！

 AM 博士，無論如何我的奧運帝皇紫玫瑰在月球也是首創的！難道你可以比我更快培植到嗎？

 我就是要展示給你看！各位觀眾，請看看聖火火炬台！

　　觀眾望向聖火火炬台，站着的正是特別嘉賓——艷如桃李、冷若冰霜的月球生物學權威豐色女口教授。而她高舉的是——

紫月玫瑰！

這一束才是真正的紫月玫瑰，由 AM 博士在地球以「轉基因技術」研發、並由我在月球培植第二代的新品種！

我第一次看到教授穿裙子！

真正的紫月玫瑰很浪漫啊！

 **AM博士** 這就是由我和豐色教授合力研發的**紫月玫瑰**，已經在月球臨時註冊專利。我還注入了花青素，是可以吃掉的健康食品！

 **豐色教授** 可以吃掉？唉……博士一出口，立即失去了浪漫感覺……

 **AM博士** 高風爵士，你不配當發明王！現在正有大批**聯合國駐月球機械警察**趕去你的黑月集團大槽，你慢慢跟它們解釋吧！

可惡的 AM 博士！我精心籌備的新產品發布會被你拖垮了！我要馬上撤退⋯⋯咦？怎麼忽然這麼疲倦⋯⋯好眼睏⋯⋯

 你現在感到好眼睏吧？因為我正把 貴公司音樂平台的催眠曲，傳送到你的耳筒，讓你親自測試啊。好好睡一覺吧！

　　高風爵士敵不過自己製作的催眠曲，戴着超立體耳筒呼呼入睡了。即使機械警察召來了雅先生一起進入他的辦公室，也無法弄醒他。

黑月集團新產品發布會因為 AM 博士的介入而混亂一片，但科學拯救隊眾人已不關心了，反而齊集起來，重新聯絡上博士。

 施丹　AM 博士，擔心死我們了！一直都沒有你的消息！

 AM博士　放心吧！我剛才因為要專心用安眠浴帽潛入黑月集團的虛擬平台網絡，所以不能接聽你們的信息啊！

 高鼎　我們的發明品差點就被高風爵士奪去了！謝謝博士你當眾揭發他的罪行，他實在應有此報！

 愛蜜絲　看來我之前三屆大賽的金獎作品，都是被黑月集團盜用了。我應該追討我應有的收益！

 雅典娜　雅太太　想不到爸爸的老闆原來是這樣狡猾的人。原來黑月集團是一間黑心公司，爸爸一直以來太可憐了。

 豐色教授　AM 博士，謝謝你從地球帶來的「禮物」，剛好派上用場。

 AM博士　不用謝……都說了那「紫月玫瑰」不是禮物，是實驗品啊！

 施汀　博士你別嘴硬了，你是知道教授喜歡收玫瑰花，又喜愛紫色，才託我們把紫月玫瑰贈給她出席開幕典禮的！

 施丹　紫月玫瑰的名字不夠特別，**不如用豐色教授的名字來命名，叫「艷如玫瑰」好不好？**

好啊！贊成！

豐色教授　咳！閒話別多說了。AM 博士，地球即時新聞說你的研究所失火，實驗室損毀嚴重嗎？

 AM博士　小事一樁。我今天邀請記者來研究所拍攝實驗時，不小心引發了小火警，是記者小事化大，亂寫罷了！但我剛才就順水推舟，用縱火事件來嚇高風爵士，讓他心虛並自爆內幕。

 施汀　連我們也被你嚇壞了！博士你做了什麼實驗，引發了火警？

 AM博士　因為我最近進行低溫培植紫色玫瑰花時，訂了大量乾冰。上次記者為我做訪問時看到乾冰很好奇，所以我就邀請他們再來研究所，看我做乾冰滅火實驗了。

 高鼎　我都很好奇啊。乾冰即是低於 0℃、沒有水、不濕的冰嗎？

 豐色教授　高鼎你的定義很有創意，但不正確。

乾冰的確不含水，是由氣體二氧化碳在工廠經高氣壓及超低溫的條件下製成的白色固體。因外表是白色，與冰相似，才稱為乾冰。

由於二氧化碳的凝固點是 -78.5℃，故此乾冰的溫度遠遠低於 -78.5℃，絕不能直接觸碰，否則皮膚會凍傷甚至壞死。

 施丹　博士，那乾冰跟滅火有什麼關係？不是只有水才能滅火嗎？

 AM博士　乾冰在室溫時或遇到水便會「昇華」，直接由固態變成二氧化碳（沒有液態）。剛才研究所發生火警，自動灑水系統噴水，乾冰遇到水便釋出大量二氧化碳，令「火三角」不能維持，結果火焰瞬間就熄滅了。

施汀 火三角？火焰的形狀是不規則的，為什麼你說是三角形呢？

 AM 博士 告訴你！

# 火三角

「火三角」是簡單的燃燒理論模型，闡明了燃燒的規律，只有齊備三種元素：**燃料、高溫、氧氣**，方能成功燃燒，缺一不可。

氧氣　高溫

燃料

這理論讓人知道一場火災發生的因素，也是消防員常用的概念：**只要把任何一種元素移除，就能成功撲滅火焰。**

**阻止燃燒的三個方法：（實驗有危險性，必須有家長陪同！）**

• 把煤氣爐關掉，令爐火熄滅
〔令燃料（煤氣）消失〕

• 用水淋向火堆，把火撲滅
〔令溫度降低〕

• 蓋上瓶頂，令瓶內的蠟燭熄滅
〔令空氣（氧氣）隔絕〕

乾冰能滅火，是因為當它昇華時，會釋出大量二氧化碳，令燃燒中的燃料隔絕了空氣中的氧氣，火三角沒有了氧氣，火焰就瞬間熄滅了。

（高鼎）博士，你明明是向記者示範滅火的，為什麼卻發生了火警？

（AI DOG）既然博士不肯說，就由我說吧，大家請看事發的影像：博士的長袍被桶中的火苗燒着了！幸好記者發現了，立即替他脫下長袍，然後用乾冰滅火了。

（施汀）什麼？博士竟然犯了這種低級錯誤？

（AM博士）AI DOG 你實在是大嘴巴！小心我拆了你！

雅太太 啊！是爸爸的聲音，他在廣播啊！

總裁因為操勞過度昏睡了，今屆地月盃創新發明大賽的結果，現在由我代表大賽評判團提前宣布：

（銅）：「太陽能彩虹製造機」的施汀同學！

（銀）：「色盲人士專用眼鏡」的施丹同學！

（金）：「生態背囊防疫氧氣瓶」的高鼎同學！

得獎作品全部都是由「少年未來科學拯救隊」囊括，恭喜你們！剛才新產品發布會如對任何人有所冒犯，非常抱歉！請多多包涵！

太好了！科學拯救隊揚威月球啊！

博士，我要哭了……

媽媽、鄧老師，你們在地球看到嗎？

 AM博士 科學拯救隊，你們成為了月球奧運會會場之中，第一個獲得金、銀、銅牌的選手啊！

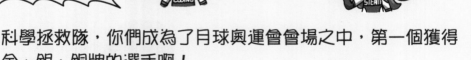 恭喜你們啊，未來科學拯救隊！你們媲美月球奧運冠軍呢！

第二冊《紫月玫瑰盜用案》· 完 ////////

 **AM 博士實驗室**

# 滅火進階小實驗

可以在家中試試啊！

（此實驗需要生火，具危險性，必須在家長陪同下進行！）

## 1. 不同的滅火方法

所需工具：小蠟燭、打火機、平口細小的玻璃杯、金屬板、水、計時器

把一支小蠟燭放入玻璃杯內，小心地燃點。

**方法 1：**慢慢倒入清水，直至水面蓋過小蠟燭的燭蕊，觀察火焰因被降溫而熄滅。

**方法 2：**把金屬板完全覆蓋杯口，觀察火焰因缺乏氧氣而熄滅，並計算杯口被封至蠟燭熄滅的時間。（金屬板會維持**高溫一段時間，切勿直接用手觸碰！**）

目的：運用火三角原理（隔絕氧氣和降溫）令蠟燭的火焰熄滅。

## 2. 長短蠟燭燃燒測試

所需工具：一長一短的蠟燭、大玻璃杯、計時器

實驗原理可翻到第 144 頁參閱。

a. 把一長一短的蠟燭固定在桌面上，小心地燃點。

b. 把大玻璃杯倒轉，蓋住兩枝蠟燭。

c. 計算兩枝蠟燭分別熄滅的時間。

目的：運用火三角原理，探究一長一短的蠟燭火焰熄滅的次序。

# 破解迷思概念挑戰題答案

**1.「海洋潮汐」迷思概念**

A. 是；B. 非；C. 非；D. 非；E. 是；F. 是；G. 非

**2.「酸鹼」迷思概念**

A. 是；B. 非；C. 是；D. 是；E. 是；F. 非；G. 非；
H. 非；I. 非

 **自製酸鹼指示劑顏色參考例子**

| 植物溶液 | 中性時顏色 | 酸性時顏色 | 鹼性時顏色 |
|---|---|---|---|
| • 紫椰菜 | 紫色 | 紅色 | 綠色 |
| • 紅玫瑰 | 粉紅色 | 紅色 | 深橙色 |
| • 紅菜頭 | 深紅色 | 黃色 | 紫色 |

**3.「月球表面」迷思概念**

A. 是；B. 非；C. 非；D. 是；E. 非；F. 是；G. 非

**4.「物體表面顏色」迷思概念**

A. 非；B. 是；C. 非；D. 是；E. 是

**5.「登月航天」迷思概念**

A. 非；B. 非；C. 非；D. 是；E. 是；F. 非

6.「作用力及反作用力」迷思概念
   A. 非；B. 是；C. 非；D. 是；E. 是

7.「月球磁場」迷思概念
   A. 非；B. 非；C. 是；D. 非；E. 非；F. 非；G. 是

8.「自由落體」迷思概念
   A. 非；B. 非；C. 是；D. 非；E. 是

9.「月心吸力」迷思概念
   A. 非；B. 是；C. 是；D. 是；E. 非；F. 非

10.「火三角與乾冰滅火」迷思概念
   A. 非；B. 非；C. 非；D. 是；E. 非；F. 是；G. 是

 **AM 博士實驗室** 「長短蠟燭燃燒測試」原理解釋

　　蠟燭在燃燒時會消耗氧氣而產生熾熱的二氧化碳，令大玻璃杯的上半部累積的二氧化碳越來越多、氧氣越來越少，於是長蠟燭的火焰會先被二氧化碳籠罩，並因不能接觸氧氣而首先熄滅。

　　由於玻璃杯下半部仍有冷空氣（內含氧氣），短蠟燭的火焰仍能接觸氧氣而繼續燃燒，直至玻璃杯內的氧氣耗盡才熄滅。